JN129778

老営業マンが語る
ビジネスとお酒と二次電池

田中　景
TANAKA Akira

文芸社

まえがき

初めまして。

私は、二次電池（使い捨てではなく、充電して何度も使える電池）だけを扱う小さな商社を経営しています。今年67歳になりました。

まあ、それなりにいろいろあったビジネスマン人生ですし、若い頃は物書きになりたいともがいていた時期もありましたので、私の経験してきたことを現代のビジネスパーソンの皆さんに「疑似経験」していただこうと２０２２年からブログを書き始めました。自分ではそれほど特異な人生を送ってきたとは思っていませんでしたが、面白がってくれる方もいて、今回、ちょっとワルノリで本にしてみようと思ったのです。

最初のエピソード「イチモクノアミ」は21年に及ぶ（そして、21年も続くとは考えてもいなかった）アメリカ生活を始めた頃、そうとは認識しないまま悪戦苦闘生活に突入していった1989年ごろのお話です。ビジネスだけではなく「為替」「アメリカ」「宗教と民族」そして「日本と日本人」を初めて考え始めた頃です。そしてそれからずっと考え続けることになりました。あの21年のアメリカ生活がなければその後のビジネスマン生活はもっと浅薄なものだったかもしれません。

また、日本でもアメリカでも私はずっと二次電池のビジネスに携わってきました。もう40年になります。今でこそ電気自動車などで脚光を浴びる二次電池ですが、私が最初に出会った頃は用途も種類も非常に限られていて、正直、こんな一大産業になるとは夢にも思いませんでした。その後、「バッテリージャパン」と言われるほど、日本の二次電池は圧倒的シェアを占めるようになり、当時は私もその伝道者気取りで太平洋の両端をブンブン往復していましたが、のちに急速な国際競争力の衰退を見ることにもなってしまいます。月並みな言い方ですが「時代の目撃者」としてこの辺りも記しておきたいと思いました。

連載では思いつくままアチャコチャ書いていたので、これから読んでいただくのは配信日にとらわれず、時代別・テーマ別に並べなおしたものです。できるだけ専門用語は省き、分かりやすく、鼻につく自慢話は抑えて書いたつもりです（保証はできませんが）。皆さんのビジネスや人生にはあまりお役に立たないかもしれませんが、雑談のネタにはしていただけるとは思っています。皆さんのお酒の席で「レインボウとパイナップル」（17ページ）や「ミカちゃん」（152ページ）が登場し、ちょっとした笑いが起これば筆者としてそれ以上うれしいことはありません。

それでは最後までお付き合いください。電池とアメリカとお酒と、そしてビジネスのお話です。

もくじ

第一章　アメリカ時代……英語と仕事の悪戦苦闘

01 〈イチモクノアミ〉

20代前半の頃、電器店の店員をしていました。その地域では一番大きな家電量販店でしたが、店長（50代前半ぐらいだったかなあ）はマメに売り場をチェックする方で、展示している商品にプライスカード（値札）がついていないと頻繁に担当者を呼んで口やかましく注意をします。私たちは陰で「プライス店長」とささやきあっていましたが、この方がよく使うフレーズが「イチモクノアミ」でした。

同じトースターでも、赤・白・黒の3種類を展示する。圧倒的売れ筋が白であっても3色すべて展示する。お客さんに選択肢を持っていただかないとダメ。

「なあ、田中君、イチモクノアミだよ」

春、エアコンの集中販売をする。店長先頭に団地にチラシを撒きに行く。すべてのドアにチラシを入れる。でももうエアコンがついているお宅もありますが、と言うと、

「イチモクノアミ。ほかのお宅を紹介していただけるかもしれないだろう。効率ばかり考

えてもダメなんだよ」

「一目の羅は鳥を獲ず」

　店長室にはこう書かれた額が掲げられてあり、プライス店長の座右の銘だったのですが、浅学な私はこれがイチモクノアミの正体であることがしばらく分かりませんでした。ヒトメ　ノ　ラ　ハ　トリ　ヲ　カク……ズ？

「一目の……」は、「いちもくのあみはとりをえず」と読む、中国の古典思想書に出てくる言葉なのだそうです。大きなアミをかけて鳥を取ろうとすると、いつも決まって同じ部分に鳥がかかる。だからといって、その部分だけに一目しかないアミをかけることはできない（そもそも一目しかなければアミともいえない）。まったく鳥がかからないたくさんの目があってこそ初めてアミであり、そうだから鳥がかかるのである。だからまったく鳥のかからない目を否定してはいけない。労力を惜しまず努力しなさい。一つの成功は多くの非成功に支えられている……と教えられました。


　その後、電器店を辞めて二次電池の商社に入社、31歳のときにアメリカに駐在することになり、渡米前に英語の特訓を受けました。先生は貿易部のトップで当時もう70歳に近かった専務でした。この方は大戦後に進駐軍でアルバイトして英語を身につけたという叩き上げで、発音も文法もスゴイ方でしたが、何より驚かされたのは語彙力……ボキャブラリーです。

アメリカ人と話をしていて、アジサイ（Hydrangea）やツツジ（Azalea）のような植物名や、酒粕（さけかす）（sake lees）や算盤（そろばん）（abacus）のようなおよそ英単語の存在を疑うようなものまで自然に正確な発音で出てきます。そのあとで「田中君、Azaleaとはツツジのことだよ。よく美容室やケーキ店の名前になっているアゼリアは本当の発音はアゼイリア」と教えてくれました。

「専務、そんな一生に一回使うかどうか分からない単語ではなく、もっと知っておかなければならない重要な単語を教えてください」

と私が口をとがらせると、

「そういう単語はふつうに生活していりゃ覚える。覚えないとアメリカで生きていけないから。でもこういう単語を覚えておいて実際使えたらうれしいもんだ。試しに、5分間、目に入るものは何でも英語で言えるようにしてみなさい。だまされたと思ってやってみなさい。ハイ、スタート！」

そして、「単語帳を作る。それを一日一回見返す。英和辞典は真っ黒になるまで使いなさい。でも和英辞典は一日に一回だけしか使っちゃダメ。英単語が分からなくて和英辞典が使いたくなったら知っているほかの単語を使って説明してごらん。アメリカ人が教えてくれるから」と。

優しい顔して理不尽だなあ、と思いながら単語帳に書き込んでいきます。たまに専務のチェックが入るので、さぼれません。知らない単語ばかりなので書き込む量も多い。面倒くさい。そのとき、ふとプライス店長が浮かびました。イチモクノアミ、イチモクノアミ、労力を惜しむな。努力はいつか実を結ぶ。

そして渡米して数か月。イチモクノアミは突然、思わぬ形で現れました。

新型のストロボを売り出したのですが、ニューヨーク州だけ売り上げが極端に悪い。カリフォルニアに次いで購買力のある州なので影響が大きい。何とかしなければならない。会議では「数万ドルかけて雑誌に広告を出す」雑誌派と、「近いんだし、手分けしてマンハッタンのカメラ店をしらみつぶしに歩いて展示をお願いする」行脚(あんぎゃ)派に分かれて収拾がつかなくなり、一旦休憩となりました。当時の私は、まだ英語で一言も発言できませんでしたので、罪滅ぼしに会議室に残って議事録を書いていると、行脚派の女性営業が私にコーヒーの紙コップを持ってきて「雑誌派は動きたくないだけなのよ。おカネかけても効果がなかったら無駄じゃない。効果があったかどうかも分からないし」と、私にも分かるようにゆっくりと言います。“I think so, too”と私。

「そんなに足を使って努力するのが嫌なのかしら」

確かに当時（インターネットがなかった時代）のアメリカ人の営業スタイルはコツコツ形ではなく、効果の測定ができない宣伝に大金をつぎ込む傾向が強かったと思います。この女性のようなタイプは貴重だと思いました。この人にイチモクノアミを教えてあげたい、と思いましたが、もちろん英語で説明はできません。ホワイトボードに絵を描いて矢印を引いて「Net」とか「Bird」とか書き込んで……。

会議再開。冒頭、彼女がすっくと立ち上がって「聞いて。休憩中にミスタータナカが中国の古いことわざを教えてくれたわ。“A single mesh net can never catch birds”」

イチモクノアミはアメリカで、シンプルで説得力あるフレーズになりました。彼女は続けます。「無駄な mesh はないのよ。会ってオーナーと知り合いになるだけでも意味があるはずなのよ」

ちょうど日本から出張に来ていて会議の隅っこにいた専務が「ほう」という口をして私

を見ていました。会議は行脚派が圧倒しました。

2022年9月9日

02
〈学校で教わりたかった〉

日本の学校教育って役に立たない、とよく言われますよね。確かに、あんなことを勉強させられる代わりに、こういうことを教わっておきたかったなあ、と60代半ばにして思うことを、今回はいくつかお話ししたいと思います。

レインボウ

20人ぐらいの3歳児の前で金髪の大柄な女先生が、傘に雨が降り注いでいる絵のカードをマグネットで貼って尋ねます。“What is this?”子供たちは“Rain!”と大きな声で答えます。まだアメリカに着いたばかりのわが息子は廻りをキョロキョロ見回して、3秒ほど遅れて「レイーン！」と真似をしています。この日はニュージャージーの保育園で息子の体験入学をしていたのです。

次に先生は弓矢の絵をボードに貼りながら弓のほうを指さして“What is this, now?”と尋ねます。子供たちは“Bow!”と答え、息子も「ボウ！」と真似をしています。このときはまだ20年以上もアメリカに住むことになるとは思ってもみませんでしたから、息子は英語になじむことができるかしら、と不安になっていました。しかし彼女は私のそんな思いには頓着せず、次のカードを裏返しにして貼り、“What kind of bow do you see after the rain?”（雨のあとで見える弓ってなーに?）と聞きます。子供たちは“Rainbow!”と答えます。

先生は“That's right”と微笑みながら裏返しのカードをひっくり返して虹の絵を子供たちに見せます。え、そうなの？　レインボウって「雨」と「弓」の合成語だったの？　そういえば弓の形だなあ……私は3歳児よりも英語力がないことを悟られないように、ぎこちなく笑っていました。……皆さんはこれ、ご存じでしたか？　この日私はパイナップルもPine（松）とApple（リンゴ）、カクテルもCock（おんどり）とTail（尻尾）の合成語であると言うことも知りました。ついでにカクテルはお酒以外の意味もあることも。こういうの学校で教えてくれたらよかったのに……3歳児のお教室で、私は苦笑いを繰り返していました。

正しい姿勢

日本ではまず見ることのない、果てしない人の群れです。そしてすべての人々が急いでいる。まさに無限の雑踏の中で、私は誰にもぶつからないように羅湖駅(ローフー)をよろよろと歩いていました。

60歳になる直前のこのとき、私は椎間板ヘルニアを患い、出張先の中国・広東省恵州で激痛発作に襲われていました。何とかワンボックスカーに乗せてもらって2時間かけて羅湖駅までたどり着き、そこで同行していた部下にあとの訪問先を託し、電車で香港へ。まっすぐ立つことはできないのでスーツケースの伸縮する持ち手にしがみつき、「く」の字になって、何か所かのとてつもない雑踏を抜けて、息も絶え絶えにホテルまで帰ったのです。

翌日何とか香港空港から羽田にたどり着きましたが、羽田では蛇腹通路に私のための車椅子が用意されていました。帰国後、歩けなくなるのではないかという大きな不安を抱えて診てもらった整形外科の先生は、あっけなく「田中さん、これは完治しません。いつ激痛が来ても不思議ではありません」と言います。ただヘルニアは消えないが、正しい姿勢を保つ筋肉をつけることで激痛のリスクが減るから、ということで、私はスポーツジムでパーソナルトレーニングを受けることになりました。ものぐさな私にとって人生初のジム通いです。

ジムのトレーナーは全員20代の若者で、既製品のシャツなんか絶対着られない筋肉の盛り上がった体型をしています。よくこういう体型の人を「脳ミソまで筋肉」とか揶揄しますが、そんな既成概念は初日で吹っ飛びました。整形外科の先生がくれたメモを渡すと、見事な体格のトレーナーが、

「じゃ、まず内転筋を徐々に動かしていきましょう」

さあ、内転筋がどこにあるのか私には分かりません。分かりませんが指示通りに体を動かしてみます。イタタ、イタタ、動かない。

「ね、これができないから腰が折れて前屈みになっているんです。姿勢をよくしないとヘルニアが痛みますよ。さあ、頑張ってイチ・ニ・サン！」

三日坊主の私としては珍しく、もう4年以上、週3回で通い続けているのですが、その後腹筋・背筋・大胸筋などの他、僧帽筋、腸腰筋、大臀筋といった、それまでどこにあるか知らなかった筋肉を段階的に鍛えてもらい、今やヘルニアによる痛みは全然ありません。さらに彼らに教えてもらったのは、「ウサギ跳びは絶対やってはダメ」「歩くときは踵から着地を意識」「3分以上の正座はヒザにリスク大」「カバンを右手で10分持ったら次の10分は左手で。そうしないと体がねじれてしまう」……こういう知識があったら、私はあの恐怖を体験しなくてもよかったのではないか。

あの羅湖駅の終わりのない雑踏。小さなおばさんと肩が触れただけで襲う激痛……姿勢が悪いのは人生的なリスクなんですね。中学の体育ぐらいで教えてほしいものです。それから、トレーナーの皆さん、脳ミソ筋肉とか思っていてごめんなさい。

株式投資

日本の株価は2・6万円（日経平均）なのにアメリカの株価は3万1000ドル（NY

ダウ）、つまり400万円以上。いくら何でも差が大きすぎませんか？

これはもちろん単純には比較できないのですが、アメリカにいた頃、ニューヨークからロスに向かう飛行機の中でたまたま隣に座った証券会社の方に聞いた話ですと……

①日本人は銀行に預金する。しかしアメリカ人は投資に回す。日本人は投資に対して、ギャンブル要素が高くうさんくさいと思っている傾向が強いが、アメリカ人だってそんなにギャンブラーではない。つまり、紙くずになってしまうか分からないような新興企業株を単独買いすることはほとんどなく、大抵の人は何十社かの株価を組み込んだ投資信託を購入している。これを毎月100ドルとか、日本人が考える定期預金の感覚で積み立てていく。やり方は高校の「投資」の授業で教わるから抵抗はない。
②ギャンブル色の薄い投資信託でも、年率5％程度の利率（下がるリスクゼロではないが、実績的には非常に低い）では増えていく。だから22歳から60歳まで38年間毎月100ドルで元本は4万5600ドルだが、よほど運が悪くなければ3倍ぐらいにはなる。60歳になったら15万ドルもらえる人生は悪くない。
③一方で、このようにして投資市場に流入したマネーは有望スタートアップ企業の育成

にも役立つ。アップルもグーグルも初期はこういうマネーの恩恵を受けていた（筆者注・私は日本で起業しましたが、このような資金調達のオプションはありませんでした）。

当然、アップルなどを組み入れた投資信託を買っていた人は、アップルがどういう企業であるかも知らないのにかなり儲けることができた。またアップルの株価も上がることでアメリカの株式市場の規模拡大にも貢献した。他方、銀行預金がいくら増えても経済規模の拡大には貢献しない。

そうか、22歳のときに知っていればなあ。こういうの、学校で教えてよ。でもそうしたら、みんな日本ではなくアメリカの投資信託を買いそうだから、日経平均とNYダウの差はもっと広がってしまうかもしれませんね。株式投資をして日本企業を育むことも日本人として重要。そういう学校教育も必要かもしれません。

2022年7月12日

【後日談】

特に「正しい姿勢」は中学校ぐらいで本当に教えてほしいものです。正しくない姿勢がどれぐらい大きなリスクなのか、なんなら「失敗例」として私自身を教材にしてほしいくらいです。通っているジムのトレーナーによると、私たちが中学生のころは、骨や筋肉の個々のファンクションがまだよく分かっていなかったようですが、今であれば○○をしたら（しなかったら）将来○○になるということがかなり解明されているようです。特に姿勢は重要で、簡単に前後左右のどちらに体重がかかっているかを測定する機器もありますから、若いうちから活用してほしいと思います。

「株式投資」は、ここに来て日本でもNISAが始まり「預金→投資」が現実になってきましたが、やはり人気はアメリカの投資信託のようです。日本株を買ってくれるのは外国筋。割安だから。ドル相場を考えれば当然です。ところで、一時は4万2000円を上回った株価ですが、それを今のレートで米ドル換算したら……という視点がメディアにないのはなぜなんでしょう。意識的に情報コントロールされている……株価史上最高とはやし立てたい？……ような気がしているのですが、考えすぎでしょうか。

03
〈バイリンガル〉

Osewaninarimasu. sennjitunoutiawasenikannsite までタイプして、チッと舌打ちをして入力モードを日本語に変更し「お世話になります。先日の打ち合わせに関して……」とタイプし直します。これが一日に何度も起きることがあります。度量の小さい私はこういうとき「日本語だけタイプしている人たちには起きないことが、オレには一日何度も起きる」とムカつきます。英語でメールを送ったあとに日本語のメールをタイプするときには70％ぐらいの確率でこれが起きるので、この作業のために生涯通算どのぐらいの時間を無駄にしたのかなどとくだらないことを考えてクサっています。

20代の私には、バイリンガルはそれで人生の扉があけられると思えるほどの憧れでした。それがアメリカに駐在することになり、何年かかかって一応バイリンガルと名乗れるところまできたとき、当時勤務していた企業の日本語しか話さない社長に「おい、ミスター○○にこう言ってくれ」と5分ぐらいエンエンと話をされて……当然、全部を覚えていて訳せるはずはありません。何とか要点だけしゃべったら「そんなに短いわけがない」と両方に文句を言われて困り果てました。

そもそも、「通訳」とは特殊に訓練された人たちで（当然資格も持っておられます）、OJTでそうなった私のようなそこらへんの野良バイリンガルとは全然違います。悲しいかな、そのように分かってくれている方は非常に少数派で、大概の場合は途中で遮らないと前述の社長のように覚えられないほど一気に話されてしまいます。で、遮ると（誰でも、話の途中で遮られると嫌なものですが）あからさまに嫌な顔をされることもあります。あれほど憧れていたのに、なってみたらバイリンガルはいいことばかりではありませんでした。

話は変わります……私の場合は日本語が母国語で、大人になってから英語を覚えたという順番ですが、逆の順番の人もいます。面白いもので、こういう人たちとも私は話が合います。先日も日本語を学んでいるアメリカ人の若者と話をする機会があり、新宿駅で小田急線に乗ろうとしたとき駅のアナウンスが「A駅、B駅、C駅……には停まりません」と言ったので、慌てて乗りかけていた電車から飛び降りた、と言うので心から同感しました。英語の語順だと最初に停まるかどうかはっきりしますからね。

もっと身近にもいます。私の娘です。彼女はアメリカで生まれて17歳で日本に来ました。だから頭の中で考えている言葉は英語のはずで、わが娘ながらよくやっていると思います。だからこんな話はたくさんあります。

①知育玩具……最近までほっぺた（Cheek）のおもちゃだと思っていた。

②あくまでも……悪魔でも、だと思っていた。

③弓道……日本の大学で弓道部の勧誘チラシ（ローマ字でKyudo）をもらってきて、母親に「キュードーって何？」尋ねたところ「そんなことも知らないの？　ジュードーより1本少ないヤツのことよ」と言われ、信じそうになった。このときはそばにいた私が慌てて訂正して事なきを得たが……。

悪意ある私の妻の言うことを信じてしまい、私が訂正する機会がなかったのが椎茸。アメリカ時代、小学生だった娘は椎茸が大嫌いで、日本食マーケットで椎茸を買おうとした妻にアピール。

「これ、なんて言うの？　私、これ嫌い」

「これはシータケ。カラダにいいから食べなきゃだめ」

「えー、まずいじゃん」

「本当はもっとおいしいAタケとかBタケとかがあるんだけど、パパのお給料が安いからウチはCタケしか買えないの」

……月日は流れ、日本の大学に進学した彼女は、Aタケ探しを友達に手伝ってもらおうとして爆笑されるまで信じ切っていた。

　知育玩具も弓道も椎茸も、少々恥ずかしい思いを重ねてきた娘が本当の意味を忘れることは生涯ないと思います。なぜかって……私だってそういう経験がたくさんありますから。

「Thanks for your massage（もちろん message と書こうとしたのです）」と取引先の女性にメールを送って、CCしたアメリカ人の上司に「お前、何をしてもらったんだ?」とからかわれたり、ピンセットやホッチキスが英語だと思ってオフィスの女性社員をぽかんとさせたり（正解は tweezer と stapler）、極めつきは「これ、ファックスしておいて」というつもりで would you **fax** this for me? と女性社員に言って彼女を真っ赤にさせちゃったり……fax の a の発音が弱いと、英語では言ってはいけないあの単語に聞こえるのですね。以来、縮めないで「ファクシミリ」と言うようにしました……。

　わが社にはバイリンガルどころかトライリンガルの社員が2名もいます。わが社が誇る戦力です。が、3言語とも完璧というわけではなく、やはり日本語ネイティブの私には日本語が気になることがあります。「グンザンに送る」と言うから何かと思ったら郡山……みたいな話は、ほとんど毎日出くわします。しかし、この悪戦苦闘を笑うことはできません。母国語以外の言葉を身につけるのは、それが自発的であったとしてもそうでなかったとしても相当な努力を強いられているからです。

近く、AIによる自動翻訳が普及し苦労してバイリンガルになる意味がなくなる、とも言われています。自分の何十年かを否定されるようで悔しいところもありますが……でも、そうかもしれませんね。少なくとも「価値」は下がるのでしょう。

だとしても、いや、だからこそ21世紀の初めにこうしたトホホでウフフな笑い話があったことを私は書き残しておきたいと思ったのです。バイリンガル、万歳！

2022年8月3日

04 〈シュガーコート〉

皆様、弊社では毎週月曜日の午後に営業会議をしており、その時間にお電話をいただいてもつながりにくいかもしれません。ご迷惑をおかけしますが、伝言を残してください。必ずコールバックさせていただきます。

で、今回のお話は……まだアメリカに赴任したばかりの頃、取引先に招待されてテキサス州ダラスのポールダンスのショウパブに行ったことがあります。テキサス州はアメリカでも美人が多い州とされていて、そのパブでは大柄でスタイルのいいブロンドの白人女性がセクシーなダンスを披露してくれるのです。私は接待される側だったので料金が高い最前席に座らせていただきましたが、こういうときに見栄っ張りな私は羽目を外して楽しむことができません。目のやり場に困っていると、何とステージで踊っていた美女が降りてきて私の隣に座ったのです。

“Hi, how are you? I like shay guys like yourself”（あなたのようなシャイな男が好きよ）と言って私の指を握ります。これはあとで分かったのですが、このときチップを渡せば別室でプライベートダンスというサービスが受けられたのだそうです。そしてそういうチャンスに巡り合うのは20人ほどの最前列のさらに1人か2人。大ラッキーなんだとか。しかし、そんなことを知らない私はどぎまぎするばかりで何をどうしていいか分かりません。アテンドしてくれていた取引先の担当者が何か教えてくれているのですが、大音量の音楽で聞き取れず……すると彼女は私の耳元に唇を寄せて、

“Honey, I will sugar-coat you -- both your heart and -- you know --?”（アナタの両方をシュガーコートしてあげるわ、アナタのハートと……ネ、分かるでしょ）

とささやき、作り物のようなブルーの瞳で私をのぞき込みます。冷静に考えればチップの催促なのですが、無粋な私は（シュガーコートって何だろう……）などとまるで方向違いなことを考えています。彼女はつんと顎を突き出してから私の指を放し、ゆっくりと去っていきました。得意先の担当者が“Oh, no!”と両手を広げても私は呆然としていました。

シュガーコートかぁ。

シュガーコート……本来の意味は苦い薬を飲みやすくするために、甘い材料で丸く固めることで、糖衣錠の「糖衣」のことです。辞書ではそうですが、アメリカ人の会話では別のいろいろな意味で使われる言葉です。これを覚えたとき、私は少し英語がうまくなったような気がして、一つの言葉だがいろんな場面で使えるということもあり、会話の中で乱発していました。たとえば、前述のダンサーは、私のハートとナニカをシュガーコートしてくれようとしましたが、こんなシュガーコートもあります。

アメリカ人の朝食の定番であるシリアルにはシュガーコートされたものがあり、毎日食べるものだけに肥満の原因であるとも言われています。それを踏まえて次のやりとりを読んでみてください。どちらもシリアルのテレビコマーシャルの会話です。

①男女の高校生の会話　「君はおデブちゃんだね」「失礼ね。たとえそう思っても少しはシュガーコートするものよ」「ダメダメ、そうしたら君はもっと太っちゃうから」
『〇〇のシリアルはシュガーコートなし！』
②医者と患者の会話　「私はやはりもうあまり長くないのでしょうか」「そんなことはな

いですよ」「先生、はっきり言ってください。シュガーコートは嫌いです」「まあ、そのほうが糖尿病にはいいでしょうな」

『○○のシリアルはシュガーコートなし！』

文字通りの「糖衣する」という意味と「言いにくいことを遠回しに言う」という意味のすれ違いのジョークですが、お分かりいただけましたか？

某年、クリスマスが差し迫ったある日、ある企業に商談でお邪魔したとき、社長さんが部下を大声で叱責されていました。

“Give me the real bitter number, no sugar-coat!”

（苦くてもいいからリアルな数字を持ってこい。シュガーコートするな！）

私たち（当時の私のアメリカ人上司と私）は社長室に通されたのですが、ちょっとタイミングがずれて、先客である部下の方がまだ叱られているところだったのです。私たちが来たのを見て社長さんは照れくさそうにしていましたが、私たちと話し始めると、なぜそのように激しく叱っていたのかを説明してくれました。

「良い営業は出かける前に在庫を見て、売るべき物を売ってくるが、出来の悪い営業は在庫切れの製品の注文をとってきて『在庫があれば売り上げが上がったはず』とか言う。『在庫があれば』『入荷があれば』これだけ数字が上がる……そんなシュガーコートされた数字はいらない」……ゴモットモです。聞かせたいヤツがたくさんいます。

さらに「シュガーコートされた数字をいじくり回して、現実から目を背けて何になるんですか？　一時的に銀行を喜ばすことができるかもしれないが、遠くない将来、彼らを2倍失望させることになる。『在庫が足りない』のも『入荷が遅れる』のも日常のビジネスの一部。誰にとっても初めての経験ではないでしょう？」……ゴモットモ×2。

さらにさらに「在庫が足りないなら、仕入れ先に納入をお願いしたのか？　その答えはどうだったのか？　入荷が期待できれば売り上げ予定に入れる。できないなら入れない。見通しが分からないときもやっぱり入れてはいけない。見通しが分からないまま好いほうの数字を持ってきてはいけません。ビジネスでは苦い薬は苦いまま飲まなければならないのです（You have to take the bitter tablet as it is when talking about your business）」

シュガーコート＝希望的観測を持ち込んでマネージメントの方向を見失わせてはいけない、ということですね。その場逃れをしてはいけない……。

「おい、シュガーコートすんなよ！」。日本ではあまり使われないこの言葉ですが、私は今でも心の中でこんなふうに叫ぶことがあります。たとえばどんなときか？　さあ、どうかなあ……でも、なんだか月曜日の午後に多いような気がします。

2022年11月14日

05

〈電池と言語──展示会で思ったこと〉

コロナによる「何でも禁止」状態が少し緩み、久しぶりに展示会に出展することができました。東京ビッグサイトで開催された「国際二次電池展〈Battery Japan〉」です。

展示会は気分が高揚します。今回はどんな人と出会うことができるか、どんなビジネスのヒントを得ることができるか……ブースに立ち寄ってくれた方、立っている方とすぐに話ができる展示会は私の性格に合っているのだと思います。

いつもアメリカ時代の話で恐縮ですが、英語で話しかけられることが怖くなってきた頃は、展示会で自社ブースに立てるのがうれしくてワクワクしていました。当時は文字通りBattery Japan（二次電池の世界シェアはほぼ日本の独占状態だった）でしたので、日本人と電池の話をしたいアメリカ人は大勢いました。とはいえ、なんとか英語は話せても高度な技術的質問には答えられないので、日本から技術者に来てもらうこともありました。彼らの説明を、私の通訳で聞いてくれるアメリカ人は真剣で、こっちも緊張の連続です。知らない単語が出る。訳が詰まる。技術者とアメリカ人両方の「頼むよ」という視線を浴びながら冷や汗をかく……ポケトークはおろか電子辞書さえなかった時代ですから、スリリングそのものです。打ち合わせ前日は、たとえば「セルに密着したブレーカーが摂氏45度で開き、それによって充電が止まります」とか、予想される質問に対する説明を英語で練習しました。待てよ、摂氏で言ってもアメリカ人は分からないぞ。摂氏45度って華氏では何度だったっけ……スマホもネットもありませんから、英和辞書のお尻の「摂氏・

華氏換算チャート」を使います。当時は自分ながらよくやっているなと思って準備していましたが、今考えるとこれぐらいフツーですよね。

でも、（私がいなければこの二人の会話は成立しない）と思うのは特別な感覚です。正確に伝えないとビジネスが成り立たない。アメリカ人が質問をする。訳す。私が技術者の説明を聞き終わり、アメリカ人に向き直る。彼はもどかしそうに私の訳説を待っている――。今、国際的なビジネスに関われている。そのとき、私が「コミュニケーションのカギ」を握っていると感じたものです。

話は変わりますが、私は日本の展示会のあり方はもったいないと思っています。たとえば、ブースに立っている説明員の方に「ビジネスに結びつけよう」という熱意が伝わってこない場合が多いですね。「私は技術担当なので営業に関しては分からない。会社の代表電話から営業に電話してください」なんて言われると、あなた、何のためにブース立ちしているの？　と言いたくなります。こういう人はたいてい「あいにく名刺をきらしています」し、何とも後味が悪くなって、その会社さんに対しての印象もいいものにはなりません。高い出展料を払ってこれではもったいない話です。

その点、アメリカやEU地域の展示会はもっともっとガツガツしています。何せ国やエリアが広いので、改めて御社に伺います、ということが難しい。今が千載一遇、すぐに商談に入りたいという気持ちが非常に強いんですね。

もっとすごいのは中国の展示会。一度「広州交易会」を見学する機会がありましたが、アフリカ系・中東系・インド系と思われる国籍不明の人々が（おそらく）中国語で展示者とガンガン交渉しています。ブースの奥では中国元の現ナマ（紙幣）が積み上げられたりしていてびっくりしました。やはり、ここで、この場でビジネスをまとめてしまおうという雰囲気が強い。アフリカ・中東・インドに改めて営業に行くのは大変ですからね。

アメリカでも中国でも「実ビジネスに結びつけよう」と出展者も見学者もギラギラしているのに対し、金曜日の午後、行き先ホワイトボードに「ビッグサイト↓直帰」と書き殴って、会場でひたすらカタログを集め、誰とも話もせず名刺交換もせず、月曜日に紙袋3個分のカタログを会社に持ち込んでフウフウ言いながら、もう達成感に浸っている人、あなたの周りにはいませんか？　……キミ、まだ何も達成していませんよ！

……国際二次電池展に話を戻しましょう。ありがたいことに、今回は弊社ブースにもたくさんの方がお立ち寄りいただき、手応えのあるビジネスのお話もいくつかいただきました。中でも大きなお話は、中国製の大型リチウムイオン電池を複数個使って、動力用電池パックに仕上げるというものです。

残念ながら、このようなセル（動力用の大型電池）を日本メーカーはほとんど作っていません。二次電池市場をほぼ独占していたBattery Japanは「今や昔」のお話です。展示会初日、会場内の会議施設でクライアント企業の技術者、中国のセルメーカー、弊社のバイリンガル（日本語・中国語）社員の総勢10人ほどが出席して、このプロジェクトの進め方について会議をしました。クライアントが使いたいセルは要求仕様を満たしているのか？ 物量は？ スケジュールは？ クライアント企業の技術者からは次々と質問が飛び出します。その答えが出ないうちに、質問を補足する追加質問もかぶせるように発言されます。

今回の通訳は二人。流暢（りゅうちょう）に日本語を話されるセルメーカーの中国人幹部氏と、弊社の若きバイリンガルです。ところが幹部氏は通訳の役目に徹することができず、しょっちゅうご自分が話したいことに行ってしまうので、質問にYes/Noで答えなければならないときはウチのバイリンガル君が切り込みます。使えるのか、使えないのか。間に合うのか、合わないのか。Yesか、Noか。私ももどかしくバイリンガル君の訳説を待ちます……。
スリリングな国際ビジネスの最前線。私は遠い既視感を感じていました。が、「コミュニケーションのカギ」を握っているのは、もう私ではありません。30年経って私は、私の訳説を待たれる側から、部下の訳説をもどかしく待つ側になっていました。今、電池のビジネスで英語は役に立たないのです。電池は「英語で売るもの」から「中国語で買うもの」になってしまいました。東京ビッグサイトの巨大な屋根から「Battery Japan」と書かれた大きな幕がダランと垂れ下がっているのを見て、私は小さくため息をついていました。

2023年4月3日

06

〈日本語バイリンガルの皆さんへ〉

弊社とお取引のある企業で日本語を話してくださる日本人以外の皆さん、いつも大変お世話になっています。皆さんのおかげでコミュニケーションがとれ、毎日ビジネスをさせていただくことができます。本当に助かっています。ありがとうございます。

このタイトルでコラムを書こうと思ったとき、冒頭は上記の文章にしようと決めていました。ビジネスのコミュニケーションを支えるバイリンガルの皆さんは、このように感謝されることが非常に少ないと思ったからです。

私はアメリカに住んでいたので、英語が話せないと生活できませんでした。だから感謝されるような立場ではありません。しかし、母国に住みながら日本語を勉強して読み書き会話をしてくれる日本語バイリンガルの皆さんの努力は、私の場合とは比較になりません。日本語を使わなくても生活できる環境にいながら日本語を勉強されている。中には日本に来たこともない方もおられる。それでも日本人と日本語で話をしたいと思っていただけるのは、とてもありがたいことだと私は思います。

ところで、アメリカ時代、私のアメリカ人上司はよくこんなジョークを言っていました。

「2か国語を話す人を何と呼びますか?」

「Bilingual（バイリンガル）」

「その通り。では3か国語を話す人は?」

「Trilingual（トライリンガル）」

「ご名答。では1か国語しか話さない人は？」

「……Monolingual（モノリンガル）かなぁ」

「正解は……American（アメリカ人）」

アメリカ人に、他国語を話す人が少ないことを皮肉る自虐的なジョークです。

ですが、私はこの上司を含めて周囲のアメリカ人にはとても助けられました。私の英語の間違いを遠慮なく直してくれたからです。これは、私の英語の師匠だった専務（日本人）が私をアメリカに連れていき、最初に会社のアメリカ人たちに紹介したときに「どんな些細な間違いでも指摘してやってほしい」と言ってくれたからです。だから周囲のアメリカ人が頻繁に「You would better say……（……と言ったほうがいいよ）」と教えてくれました。ただし、そのあと「Don't ask me why.（なぜかは聞かないでね）」と付け加えることが多かったことも思い出します。そうですよね、何となく感覚でおかしいと思っても、それがなぜかを文法的に説明するのは難しいですから。でも、そのおかげで、その辺の語学教室に比べて何倍かのスピードで、私はいろんなことを理解することができたと思います。専務にもアメリカ人たちにも心から感謝していますし、今でも「この言い回しは、あのとき○○さんから教わったなあ」と、そのときの情景まで思い出します。

　さて、ここからは日本人の読者の皆さんに申し上げます。

……では、翻って、私自身はネイティブ日本人として日本語バイリンガルの皆さんの日本語の間違いをきちんと指摘してあげられているか?……はなはだ自信がありません。自分はアメリカであれだけ親切を受けてきたのに、今、取引先の日本語バイリンガルからいただくメールを見て「これじゃ伝わらないよね」「日本語がおかしいよね」などと「評論」しちゃっています。そう考えると、とても不親切で申し訳ないことです。

　今や、日本は電池パック技術において、価格だけでなく技術的にも後進国になってしまいました。だから中国語圏から電池パックを調達しなければならない。スマホもPCも電動工具も、電池はほとんど海外製。調達できなければ日本人の生活は成り立たない。でも、ビジネスの現場で中国語を話す日本人は非常に少ない。だから、われわれ（電池屋は特に）のビジネスコミュニケーションは、ほぼ日本語バイリンガルの皆さんに頼り切っています。だとしたら、私たちは彼らの日本語の間違いを傍観してはいけない。傍観・無視は、コミュニケーションミスの種をばらまいているようなものなのです。

そしてもう一つ。

私たちは、日本語バイリンガルの皆さんにメールを送るとき、分かりやすい日本語を使っているでしょうか？「ちなみに」「いっそ」「もっとも」などの自分でもうまく意味を説明できないような接続詞を使って、わざわざ分かりにくくしまっていませんか？　それを読んでくれるのがネイティブ日本人ではないことを意識してメールを書いていますか？「分からなければ調べるだろう」ではなく、多忙な先方様が調べなくても分かるような、平易で的確な単語選びが、日本語を使っていただける相手に対しての敬意。名文・美文である必要はなく、現状や要望をきちんと示す表現が必要です。妙に文学的なメールを書いて、せっかくの日本語バイリンガルの方に「日本語は難しい」と自信をなくされてしまうことがないようにしたいものです。

でも、日本語学校で文法を勉強したバイリンガルの方に、文法なんか大嫌いな自分が間違いを指摘してあげるなんて、大丈夫かなあ……そう思う方がいるかもしれませんね。では、次の文章を読んでみてください。

「太郎はボールを投げると、二郎が打った」

「なんか変」ですよね。……傍点部の「は」を「が」に替えるとすっきりします。外国人の方が日本語を勉強していて難しいのは、こういう助詞の適否や、前述した接続詞の選択なんだとか。こういう「なんか変」を親切に教えてあげてほしいのです。アメリカ時代の私がアメリカ人たちから受けた親切のように。

でも、自分は文法的に理由を説明できないし……マジメな日本人のあなたは、まだそう思っているかもしれませんね。だから魔法の言葉をお伝えしたじゃないですか。"Don't ask me why."……なんか変。こう直したら？　でも理由は聞かないで。

文法的な理屈はちょっと横に置いて、「なんか変」とフレンドリーに言いましょう。そうすることでコミュニケーションの質が上がり、もっと日本語がうまくなりたいバイリンガルの皆さんにも喜んでいただけると思います。

最後にもう一度。日本語バイリンガルの皆さん、日本語を勉強していただき、ありがとうございます。これからもよろしくお願いします。

※「太郎は……」の例文とその説明内容は、石黒圭『日本語てにをはルール』（すばる舎）を参考にさせていただきました。

2023年12月5日

07 〈真偽は定かでないお話〉

なにせ21年もアメリカにいたので、日本ではあまり聞けないこともいろいろ聞きかじってきました。その中で「へぇー」と思ったけれど真偽を定かにすることができなかったお話を3つ紹介します。繰り返しますが、真偽のほどは定かではありません。

①「キャンベルとスーパーマーケット」

キャンベルは日本のスーパーマーケットでも売られている缶入りスープの会社(Campbell Soup Company)です。1869年創業の老舗で現在でも超優良企業です。ただ(この辺が「真偽が定かでない」部分ですが)、1970年代ぐらいまで商品管理が恐ろしくいい加減な会社であったようです。

当時、キャンベルは数十種類のスープの缶詰を主にスーパーマーケットに卸していたわけですが、どの缶を何個どの店に出荷するのかはキャンベル次第となっていて、スーパー側はいちいち在庫調べなんかしないから、トマト味が欠品してクリーム味が在庫過剰であってても放ったらかし。つまり、キャンベル側は作ったスープ缶を片っ端から出荷すればいいので、在庫など持たなくていいのです。今回はコンソメ味を作りすぎたなあ……と言うことがあってもどこかに出荷してしまう。70年代まではこれでよかったらしいのです。力関係で言うと圧倒的にキャンベルのほうが強かった……。

ゲームを変えたのはバーコードでした。

スーパー側は「レジ打ち」をなくしたい……人件費削減はいつも進化の出発点で、社会的コンセンサスも得やすい。あらゆるものにバーコードがつくようになり、当然キャンベルも全製品にバーコードを付ける。するとこれまた当然ながらスーパーの各店舗では何味が何個売れたかの記録が残ります。この記録が発注に反映されるようになると、何味を何個出荷するのかはスーパー側の注文によるようになります。キャンベルの思うようにはいかなくなりました。今までは今月はチキンスープを〇万個ぶっ続けで作り、来月はマカロニスープを……ではなく、きちんと需要予測しなければならなくなった。特定の商品に注文が入らなければ在庫になってしまう。消費期限までに売れなかったら廃棄のリスクもある。そのうちＰＯＳ（Point Of Sales）システムやクレジットカード決済が広まって、スーパー側にはいつどこでどういう商品がどういう人に……その日の天気や気温なども取り込んで……売れるのかのデータが積み上がっていきます。スーパーがキャンベルの言うことを聞く必要などなくなったのです。

キャンベルはこの危機をいろいろなイノベーションを駆使して乗り越え、現在でも世界有数の食品メーカーです。が、バーコード導入直後に的確な対策をとっていなかったらどうなっていたか分からない……ゲームチェンジのときの教訓としてしばしばアメリカで語られるエピソードです。あなたの仕事の業界にゲームチェンジの兆しはありませんか？

② 「右からＡＢＣ」

日米貿易摩擦の頃、私はアメリカに住んでいました。アメリカ人たちはテレビカメラの前で東芝のパソコンを叩きつけ、日産のピックアップトラックを壊して溜飲を下げていました。われわれ在米日本人は日本食飲み屋でそれを見ながら「あ、また一台売れる」とこっそり拍手していましたが……アメリカ人にとってはアメリカ発の技術であるＰＣやクルマで日本だけが稼ぐのが面白くない。今、私たちが二次電池液晶半導体で中国韓国に抱く感情に似ています。

当時仲良くしていたニューヨーク地域のセールスレップ（契約営業マン）のおじさんは、日本製品を扱っているので貿易摩擦に関して表立っては何も言いませんでしたが、私と二人きりになると先進国のアメリカ人として、アメリカほどは先進国ではない日本人の私に何かを教えようとする人でした。たとえば「ＩＢＭって社名の語源を知っているかい？インターナショナルビジネスマシーンズの頭文字なんだぜ」という感じ。

あるとき私の会社でカンパニーカーを購入することになり、納車の日に、たまたまこのおじさんが来ていました。クルマはフォードのマスタング……安かったから。

理由はともかく、日本企業であるわが社がアメリカ車を購入すると聞くと、このおじさんの機嫌がみるみる良くなり、私に向かってアメリカ車の優秀さや、世界で初めて自動車の量産化をしたフォードに対してのウンチクをエンエンと語り始めたのです。実際は、この頃のフォードは自国の排ガス規制をクリアするのにも苦労しており、「優秀」と思っている人はあまりいなかったのですが、とにかくおじさんはニッコニコです。

すると納車に来ていたディーラーのお兄さんが「物知りですね。フォードが好きですか？」と尋ねました。

おじさんが喜色満面に「もちろんさ。アメリカ人だからね」と言うと、お兄さんは「それなら、クイズを一つ。フォードが初めて量産車を作ったときに、今のペダル（アクセル、ブレーキなど）の並び順を決めたんだけど、どうしてそうしたか知っていますか？」するとおじさん「非常に面白い質問だね。大いに人間工学的に考えられたものだろうけど、降参だ。ぜひ私と私の日本人の友人にその答えを教えてほしいもんだね」と、先進国アメリカ目線で私をチラ見しながらさらにニコニコ。

するとディーラーのお兄さんはウィンクしながら「……右からＡＢＣ」。

そこには人間工学も何もなく、単純に右からアルファベット順にアクセル・ブレーキ・クラッチにしただけで、それが１００年以上続いているんですって。おじさんは最初口をぽかんと開けて、続いて私の肩を叩いて大笑いしたのでした。

③「売り上げ目標を下回ったことがない」

三洋電機のアメリカ現地法人 Sanyo Energy USA は General Electric（ＧＥ）と合弁で GE-Sanyo というブランドを作り、電池関連商品を販売した時期があります。Sanyo Energy は私の勤務していた会社の取引先だったので、１９９０年ごろラスベガスで GE-Sanyo のスタートメンバーと食事をさせていただくことがありました。で、ＧＥからこのプロジェクトに参画してきたエグゼクティブは電球を全世界にビリオン（十億個）単位で販売し「入社以来10年以上売り上げが目標を下回ったことがない」という傑物とのこと。一同「ホウッ」と小さな歓声を上げます。電球だけにGE-Sanyoプロジェクトの未来は明るい、などという冗談も。

食事が終わって傑物氏が隣の席に来たので、当時30代の若手駐在員だった私は、意気込んで「どのようにして長年目標到達を続けてこられたんですか」とストレートに聞きました。「もちろん、それは簡単なことではない。誰にとっても」と傑物氏。

「ヒントとなることはありませんか？」

「君は秘密を守れるかい？」

「もちろんです」

「では……僕は工場に友達がいてね、予算達成が難しそうになったら彼を呼んで一杯おごるのさ」

「………」

「すると彼は次の日から……」

「次の日から？」

「フィラメント※をちょっとだけ細くするんだよ」

LED時代の現代ではなかなか理解できない人もいるでしょうが、ともかく、この話も真偽のほどは定かでありません。

※フィラメント　電球などの発光する線状の部分。これが消耗して切れるといわゆる「電球切れ」で寿命になります。

2022年5月30日

【後日談】

「右からABC」というペダルの並び順は、書籍化を機にもう一度ネットで調べてみましたが、やはり人間工学的に検証されたものだという記事を見つけることはできませんでした。本当に単に「右から……」ということであれば、これほど高齢ドライバーの踏み間違い事故が多発している今、これを見直す気運が高まらないのはなぜでしょうか。私たちの周りには、ほかにもこうした根拠が希薄な「前例」を盲目的に踏襲する習慣があるような気がします。

最後に「フィラメント」の説明を足しましたのは、編集担当の方のアドバイスです。LEDの普及により、近く「電球」も「蛍光灯」さえも説明しないといけなくなるでしょう。白熱電球の発明者はトーマス・エジソン。彼が初期にフィラメントの材料として採用したのが京都の「八幡竹」という竹であったことを、私は小学校で習ったのだと思います。

08
〈マイクロマネージ〉

右手の人差し指と親指で丸を作り、両方の指のあいだに1ミリぐらい隙間をあけます。この状態でその微妙に不完全な輪っかを右目の前に持ってきて、左目はつぶり、その1ミリの隙間を猫背になってのぞき込みます。このポーズが、アメリカ人が自分の上司の陰口を言うときの定番で、口では「He (She) micro micro micro manages in everyway」などとマイクロを3回以上繰り返して言います。「ウチの上司は細かくて嫌になっちゃうよ」という感じでしょうか。「細かい」上司が嫌われるのは日本もアメリカも同じですね。

私もこれをずいぶんやられました。A社向け電池パックの生産量、昨日より200個ほど減っているのはなぜ？　などとプロダクションマネージャーに聞くと、最初ぽかんとして、それから「Let me find it out（調べてみます）」とどこかに行きます。彼は倉庫で作業中の彼の部下に歩み寄り、遠目にも分かる例のポーズを作ります。会話なんか聞こえなくても分かります。またタナカのマイクロマイクロマネージが始まっちゃったよ。悪いけど昨日から生産量が減った理由を調べてくれないか……こうして、無限にタナカのマイクロマイクロが伝播していきます。

私は、部下にマイクロと言われることはしかたないと思っていました。そりゃあ中にはイチを言うだけでジュウを察してくれるような部下を持っている人もいるかもしれないが、私はそういう幸運に恵まれていないので、ある程度マイクロにならざるを得ない。こっちよりキミたちのほうに問題があるんだからしかたないでしょう。とはいえ、肩をすぼめ、声を裏返してマイクロマイクロ……とやられるのは気持ちのいいものではありません。

時が流れ、日本に帰ってきて起業することになり、社員を採用するようになったときも私は依然としてマイクロの呪縛下でした。細かいことを極力言わず、部下の裁量に任せて、そうそう、現在地を確認させ、目的地を明確に指示するだけ。途中の道順は部下に任せればいいのではないか。そうすればマイクロの陰口を叩かれずに済むのではないか。

ところが、ちょうどこの頃、ある方から1冊の本をプレゼントしていただいたのです。タイトルは『経営の神は細部に宿る』。当時テキサス大学の教授をされていた清水勝彦先生の著作です。この本と出会えたことは私にとって大変な幸運でした。マイクロと言われようが細部にこだわることがいかに重要かを私は強烈に学ぶことになります。

清水先生はこの中でまず、「些末なこと」「重要でないこと」と「重要なことの兆し」は最初同じように見えることを指摘されます。そして「兆し」を無視した結果、占有率を大きく落としてしまった、あるいは同業他社に引き離されてしまった大企業の実例を挙げて説明されます。この本は２００９年に上梓されていますから、登場企業もある程度歴史のある企業ですが、今、再読しても「そうだったのか」と納得できる実例です。

さらに、企業自身の「小さな行動」にも注意しなければならない、と。今期は５％給料を上げますと発表して実際ある社員の給料は４・９％しか上げられていなかった。これを「約束を破ったうちに入らない」と思ってしまっていないか。10％売り上げを伸ばす計画をして９・９％アップで「ほぼ達成」としていないか？　そのうち９・５％も９・０％もＯＫにしてしまう体質になっていないか。

そして「細かいリーダーの価値」について。

日本ＩＢＭの元社長は（社長ですよ！）クリップの使いすぎを指摘して話題になったそうですが、もちろん直接的にクリップの使いすぎを問題視しているのではなく、蔓延するコスト意識の低下に歯止めをかけようとしたのでしょう。

ところが、30年前の私が「電池パックの生産量が昨日より２００個減った」と指摘しても、部下はその先の意味を読み解くことができなかった。生産数が減ったのは何か部品の入荷遅れでもあったのではないか、習熟度が高いパートさんが休んだのではないか、今日は２００個に過ぎないが、原因を突き止めて生産数のさらなる減少を防ごうとする意図があったのですが、私はそこまで説明しませんでした。言わなくても分かるだろう……という態度だったのです。これは部下の理解する能力をリスペクトしたわけではなく、こんなこと言わなくても分かるよな、という傲慢な考え方でした。私が分かっていることは当然部下も分かっているだろう……と考えるのは、清水先生によると“Corse of knowledge”（知識の呪い）と言われ、コミュニケーション悪化の入り口なのだそうです。そのときの私の部下も「なぜ、この質問を受けているのか」をよく理解できないまま仕事を増やされ、結果、自分と自分の部下を、タナカのマイクロマネージに付き合わされているかわいそうな被害者たちにしていたのでしょう。

じゃあ、部下に何かを指示するときには、いつも背景をきちんと説明して……がいいとも限りません。部下だって忙しいんですから、くどくど説明されるより簡単な指示のほうが助かることもあるでしょう。この辺は公式がないところでしょうね。部下に指示を出す時は、その部下の知識レベルや考え方、そのときの忙しさをよく把握しておかなければならない。上司たるもの、なかなかツライですね。

そんな上司の皆さんに『経営の神は細部に宿る』の終章の一部を引用させていただきます。

（前略）……ある部長さんが（自分の部下に）こんなことを言っていらっしゃいました。「お前ら、細かいリーダーはダメで、腹の太いリーダーがいいと思っているだろう。しかし、太いと粗いは違うんだぞ。細（こま）かいと細（ほそ）いも違うんだ」……（中略）……その本当の姿は「有事」に際して決定的に明らかになります。「部下に任す」と言えば聞こえはよいですが、自分で決断を下すことのできないリーダーは、たとえ平時には「太っ腹」に見えたとしても、「粗いが細（ほそ）い」リーダーである疑いが強いでしょう。細（こま）かいことを言い

ながらも、最後まで責任をとるリーダーは「細（こま）かいが太い」のかもしれません。（後略）

この本を読んだ後、私はこう思うようになりました。この部下と今日一日仕事をすればおしまいではあるまいし、これからずっと仕事を一緒にしていくのに、一度や二度マイクロと言われようが細かいと言われようが何だと言うのか。マイクロマネージ、上等じゃないか。仕事をしてもらうなら、傲慢にならず、丁寧に指示することだ。

2023年7月25日

09

〈営業のエッセンス〉

以前、親しくしてもらっていた大手電池メーカーの幹部氏はたびたび「ウチは技術職を中心に採用する。技術職はツブして営業にすることができるが、逆はできない」と言って、営業しかしたことのない私のココロを何度も引き裂いてくれました。でも、そのように考えている人は今でも日本中のメーカーにたくさんおられるようです。

営業職の皆さん、悔しいじゃありませんか。

でも、皆さんのほうも技術職などの専門的な教育を受けた人たちに対して過剰なコンプレックスを持っていませんか？　ある部品商社の営業の方は、その方がお客様から聞いてきた要求スペックが電気的におかしかったので確認したところ「でも、技術者に聞いてきた数値だから間違いないはず」と、こっちが間違っているようなことを言います。後々分かったのはこの「技術者」は機構設計（製品のデザインや筐体を設計する）がご専門で、電気的なことはほとんど知見がない方だったのですが、この営業マンにとっては「技術職が言うこと」は絶対なのでした。「専門職としての営業」にプライドがないと、盲目的に「技術は絶対」と思ってしまう。そうなると「営業は技術職をツブして」なんて言われてもしょうがないですよね。時に「自分はどうせ営業なんで」と卑下したり自虐的になっているわが同業者諸君、今回は「営業のエッセンス」についてのお話です。もちろん私が考えついたオリジナルではありません。約30年前、アメリカ時代に出会った優秀な営業マン、ヘンリー氏に教えられたことです。

英語が半人前で、アメリカの商習慣も知らず、一人で商談に行くことができなかった私を、このヘンリーという営業マンは私の電池の知識を重宝してくれて、いろいろなところに説明員として同行させてくれました。そして、語彙の乏しい私の英語の説明を補足してくれるだけでなく、旅先のホテルのバーで、飛行機で、クルマで、会社の向かいのコーヒーパーラーで、アメリカで営業（Marketing）としてやっていくには、という視点でいろんなことを教えてくれたのです。

まずその1、「営業のエッセンスとは」……自分（ヘンリー）は大学でMarketingの専門教育を受けた。お前（田中）にはその機会がなかった。しかしお前には一番大事な（電池に関する）知識がある。あとはアメリカの商慣習が分かれば大丈夫。大学では需要喚起策とか広告効果とか難しいことを教わったが、そんなものが役に立つのはマクドナルドかキャンベルに就職したときだけだろう。ミリオン（100万ドル＝ざっくり1億円）程度のMarketingをやる上で、知識の他に何が必要かと言ったらパーソナリティ。この人と話がしたいと思ってもらえることができるかどうかである。繰り返す。営業のエッセンスは知識とパーソナリティ、それだけ。…… To be a successful business person, the essence of marketing you need is Knowledge and Personality, nothing else. ……

私はこれを今でも繰り返し唱えることがあります。鮮烈な言葉でした。

そしてその2、「Marketing（営業）とSales（販売）の違い」……生産現場で作られた製品が消費者の手に渡るまでには、何段階ものステップ（工場、海外現地法人、ディストリビューター、レップ、小売店等々）がある。その中の1段階だけ（たとえばディストリビューターから小売店）を受け持つのがSales、すべての段階を俯瞰して流通全体を考えるのがMarketing。自分は長く日本企業の米国法人で働いているのでよく分かるが、多くの日本人はこの区別がついていない。日本から幹部として派遣されてきたお前はSalesをやって自分で売ろうなどと思ってはいけない。Marketingとして、部下（Sales）に売らせろ。そして部下と手柄を争うな。ほとんどお前がまとめたビジネスで、部下は伝票を書いただけだったとしても部下の手柄。お前が賞賛されるのは一つの商談をまとめたときではない。

その3、「人はなぜコメディを見たいと思うか」……笑いたいからである。カネを払ってでも笑いたい。しかし相手が笑っていないとき、人は笑えない。だから取引の過程ではいつも笑顔でいること。相手がお客さんでも、仕入れ先でも、社内でも。そしてできれば相手に笑ってもらえる話題を一つ用意しておくこと。良質のユーモアを蓄えることはお前が思っている以上に大切。難しい交渉が一つのユーモアで方向が変わることさえある。その日その商談が不幸にして決裂しても、お前とはまたいつか会ってみたくなるようなパーソナリティであれ。

その4、「最新の知識を持ち、正しいことを語ること」……ものが売れると快感が走る。相手を説得できたという、いわば彼女と初めてキスができたときのような、しびれるような感覚だ。が、それを求めてはいけない。その快感を追うと、買ってもらうためにウソやムリが入ってくる。正しい商品知識を正直に伝えて、その結果ビジネスが不成立でも（キスができなくても）それはしかたがないのだ。反対に、知識をないがしろにしてキスの快感を追い求めると、知らないことを知っているように言い続けなくてはならない。いつしか知ったかぶりが自然にできるようになってしまい、それが能力だと勘違いして、しまいには自分が何を知っていて何を知らないかも分からなくなる。分からない質問に「勉強不足です、すみません」と言えるだけの勉強が必要（これ、深いですよね）。知識があれば謙虚になれる。なければ背伸びせざるを得ない。

（筆者注　辞書によっていろいろですが、ここではMarketingを「営業」、Salesを「販売」と邦訳しました）

私は、進歩が早い電池の業界に長くいるので「勉強」は一生続くと思っています。だから電池に関する知識はある程度自信があります。パーソナリティのほうは……こっちも一生磨き続けなければならないですね。トシとか言っていられません。

ところで、私は「その4」をちょっと端折りました。ヘンリーは実はこう言ったのです。

「……キスの快感を追い求めると、知らないことを知っているように言わなくてはならない。お前、結婚前に『キミを幸せにする』と言わなかったか？　知らないことを知っているように約束しただろう？　キスの快感のために」

2023年2月6日

10 〈ジャッジしましょう〉

取引先の担当者で、日本人をからかうのが大好きなラリーがニヤニヤしながら言います。

「タナカさん、いい話を聞いたんだ。聞いてくれよ」

……国際線の旅客機が海に不時着して、3人のビジネスマンが救命ボートに乗って流されていた。仕立てのいいスーツを着たアメリカ人、全身ブランド物でキメたおしゃれなイタリア人、大きなカバンを大事そうに持った野暮ったい日本人。海流に乗り3人は無人島に流れ着いた。するとあとからもう一人、おぼれて瀕死の美女が同じ島に流れ着いた。3人は協力して美女を介抱し、3日後彼女は意識を取り戻した。彼女は3人に感謝の言葉を贈り、「私が生きているのはあなた方のおかげです。あなた方、どなたかのお嫁さんにしてください」と言う。3人は相談し、3人そろったところで一人ずつ彼女にそれぞれの思いを伝えることにした。

まず、アメリカ人ビジネスマンが、いかに自分は成功者であるかを語り、ニューヨークの銀行の口座に入っている預金の額を示して彼女に幸せな空想をさせた。

次に、イタリア人ビジネスマンは愛のカンツォーネを1曲歌いあげ、ローマやナポリの美しさ、イタリア料理のおいしさを伝えて彼女をうっとりさせる。

すると日本人ビジネスマンは、大きなカバンからポータブルファックスを持ち出し「こういう場合はどうすべきか」と本社に指示を仰ぎ……ましたとさ。

無人島なのに電話回線はあったのか、などと細かいツッコミをいれたくなりますが、私はこういう話を聞くのはこれが初めてではありませんでした。30年ほど前のこの頃、対面の会議をしても決してその場で回答せず、何でも「本社に確認して後日回答」とする日本人ビジネスマンは、アメリカ人にこのように揶揄されていたのです。今ならポータブルファックスはさしずめノートPCかスマホでしょうね。ジャパニーズは荷物が大きくて着るものもダサいというのが当時はステレオタイプ。ケラケラ笑う小憎らしいラリーの顔を、私は今でも覚えています。

それから30年経って、われわれ日本人の「決められない」体質は多少改善されたのでしょうか。着るものは多少おしゃれになりましたが、何かの決断を求められたとき、まず周囲の人たちの顔色を見てしまう習性はそのままのような気がします。背伸びして自分の権限以上の決断をしろとは言いませんが、決められる範囲の日常の小さな決断もおっかなびっくり。なぜなんでしょう。

一つには、日本人特有の過剰な協調性（？）も影響しているのだと思います。天丼かカツ丼かと聞かれて「天丼がいいけど、みんなの返事を聞いてから」と最初には答えられないあの感じです。

また、われわれが新人時代「その場で判断しない」ように会社などでキビシくしつけられていたことも原因でしょう。私には、端末を見てお客さんに在庫状況を回答しただけで「ほかの得意先から引き合いがかかっているかもしれないだろう。お前、責任とれるのか？」と叱責された経験があります。

でも、こういうのはアメリカ人からしてみたら異様で、当時、会議で「持ち帰って本社に確認してから」などと言うと、せっかく対面で話をしている意味がないではないか、それなら最初からファックスで日本に問い合わせればいいだけで、キミたちアメリカ駐在員など不要ではないか、とあきれられることもありました。私は半笑いで「ザッツ アオア カルチャー（"That's our culture"）」などと言って頭を掻いていましたが、やっぱり情けなかったですね。

で、本社にお伺いを立てる。しかし、現地の状況を知らない本社もやっぱり決められないのです。そのうち「現地でジャッジしてください」という、指示だか何だか分からないファックスがたくさん届くようになり、あとはもう決断の押しつけ合い状態。あとで問題が起きたとき「自分が決めたのではない」と言える状況にしておくのが居心地いいのでしょう。

しかたがない、自分でジャッジしよう。お客さんに何も回答しないわけにもいかないし。

私は、売値も粗利率も自分でじゃんじゃん決めて「こうしました」という報告だけをするようにしました。半分ヤケです。すると……よっぽど無茶をしないかぎり、決めさえすれば本社は「私のジャッジ」をサポートしてくれることを発見したのです。対面の会議でもその場で大枠だけでも決める。そうするとアメリカ人たちからも一目置かれるようになり、私自身も自分のジャッジに責任を持つようになる。だから「ジャッジしなさい」と突き放されて現地はすっきりしました。

でも……出張で日本に行くと、相変わらず「決められない人」の群れに囲まれます。「田中君、どうしようか？」すると私は、先輩社員にも「そんなことも決められないんですか」と言わなければならない。先輩たちは、あのときの私と同じ半笑いをしていました。

話は変わりますが、選挙に行かない人たちは「だって、誰に投票していいか分からないもの」と言いますよね。過去数回の国政選挙の投票率はいずれも60％に届きません。2023年8月の埼玉県知事選に至っては23％ちょっと（知事選史上最低）で、暑かったとはいえ、何と4人に3人以上が投票していない。ジャッジを放棄しているのです。

本稿を書いている12月の中旬、自民党各派閥の裏金問題が次々と報道され、複数の閣僚が辞職しています。が、辞職した彼らはさっそく地元に帰って集会で愛敬を振りまいている。彼らにとって何が重要なのか、分かりやすい行動ですよね。これは私の推測ですが、投票率を10％も上げればこういうセンセイを「落とす」ことができるのではないでしょうか。ジャッジの放棄が、彼らを安住させてしまっている……のではないでしょうか。

それから、言い方には問題あるかもしれませんが、特にイナカの選挙では「盆踊り大会に来てくれるセンセイ」や「消防団の飲み会に顔を出すセンセイ」が人気を集め、政策の話は二の次のようです。中学校の学級委員選挙じゃあるまいし、大人になったら「いい人コンテスト」ではダメ。政策をジャッジしないと……「いい人だから」「頼まれたから」と言ってジャッジしないで投票していると、あるいはジャッジできないうちに投票日が過ぎてしまったりしていると、また同じ裏金センセイが当選することになります。狭い選択肢かもしれませんが、自分でジャッジして投票しましょうね。

……まあ、自分がそうなりたいからなったわけではありませんが、30年前「日本人にしては珍しくジャッジできるヤツ」になった私は、それなりに仕事ができるようになった気になっていました。ラリーにも一方的にやっつけられてはいません。

「タナカさん、最近は本社に聞かなくても回答してくれるのかね？」

「まあね。『アオア　カルチャー』も進化したんだよ」

「それはよかった。じゃあ早く終わったことだし、食事でもどうだい？　何が食べたい？」

「そうだね、何がいいかな……キミ、ポータブルファックスは持っていないか？」

「There you go!（そうきたか！）」

ラリーはケラケラ笑っていました。

2024年1月15日

第二章　電池……この不思議な存在を知ってください

11 〈二次電池なしでは暮らせないのに〉

何年か前、ある新聞社の女性記者が3日間「GAFA絶ち」をしてみたところ、文化的生活ができないどころか、あと少しで会社をクビになりそうになったという趣旨の体験記事を読んだことがあります（GAFAとは、Google・Amazon・Meta〈Facebook〉・Apple の頭文字です）。スマホはアップルがグーグルのソフトが乗っているからダメ。で、ガラケーにしたら LINE で連絡ができない。とりあえず電話で事件現場の住所だけ聞いて現地に向かおうとしてもマップ（Google）が使えない。紙の地図を見ながら現場に着いたときには現場検証も終わったあとで、完全に他紙に後れをとって……と、なかなかの経験のようでした

では、二次電池（充電できる電池）を絶ったらどうなるのでしょう。GAFA絶ちとい い勝負の、なかなか不便な生活を強いられると思います。

そこで、20xx年某月某日、日本政府は限りある二次電池資源を「戦略的主要産業」

に集中させるため、ＥＶ（電気自動車）と定置用蓄電用途（メガソーラーや風力発電など）以外への二次電池の使用を禁止する「二次電池規制法」を施行。違反すると罰則を科されることになった……という仮定のお話を考えてみましょう。

そんなバカな法律できるわけがない……と思いますか。じゃ、これを読んでみてください。

蓄電池取組方針案概要（取組の対象範囲、対象内容等）

◆対象となる品目（取組方針案第3章第1節）

①蓄電池（車載用ＬＩＢ〈LITHIUM ION BATTERY〉または定置用ＬＩＢとして生産されるもの）

……これは経済産業省の電池産業室から昨年12月に出された蓄電池安定供給確保のための「支援策のご紹介」の抜粋です。この支援策の対象が車載用と定置用に限定されちゃっているのでＰＣは？　スマホは？　電動工具は？　と、私は心配になるのです。そもそもこの「支援策のご紹介」を作った経産省の方もＰＣを使ったはずなんですけどね……。

ともあれ、今日から「二次電池規制法」施行、特定用途以外には二次電池を使えない生活が始まります。

朝起きる。スマホの目覚ましを使っている人はもうアウト。一次電池（充電できない使い捨ての電池）の目覚まし時計ならセーフ。歯磨きは電動ならアウト。ひげ剃りも電動はアウト。

出勤。自転車をお使いの方、アシスト自転車はダメ。自力でこいでいきましょう。自動車通勤の方、EVなら法律の主旨なので当然OKですが、ガソリン車は「審議」です。エンジンをスタートするのに鉛電池が使われていますから「二次電池規制法」施行後、裁判所がどういう判例を出すかによります。エンジンをかける目的ならOKだが電池を放電させるエアコンやラジオを使ってはいけない……ぐらいの判断になるような気がします。だったら電車通勤……なんですが、駅員さんの腰についている無線機が使えません。電車が遅れても車内に忘れ物をしても、誰かが具合が悪くなっても、痴漢がいても、ホームにいる駅員さんは何も連絡できない。何かあったら駅はかなり混乱しそうです。

とにかく会社に着きました。エレベーターで……も「審議」です。日本の建築基準法ではエレベーターに停電対策用の二次電池装置（停電時に近くの階まで移動し扉を開閉する）搭載が義務づけられているからです。20年ほど前、香港のホテルで乗っていたエレベーターが止まったとき、なまじ「日本の法律では」ということを知っていたのでゾッとしました。幸い、10分ほどで扉は開きましたが、止まった場所は階と階の真ん中で、私たちは50センチほどの高さを外側の人たちに一人一人引っ張り上げてもらいました。今でも覚えているのは、故障と分かった瞬間に思ったことです。「なぜ、トイレに行っておかなかったんだろう」……二次電池のおかげで、日本のエレベーターは安心なんですよ。

脱線しました。……さて仕事開始です。あなたがオフィスワーカーならもちろんＰＣはデスクトップ。バッテリーを使うノート型はアウトです。あなたが大工さんなら電動工具は長～いコードを２階、３階まで引きずって使わなければなりません。バッテリー着脱式はアウト。そもそも電池式の電動工具が最初に普及したアメリカには、完成検査前の住宅に商用電源をひいてはいけない法律があり、工具の電池化を渇望していた背景があります。申請すれば仮電灯線が引ける日本ではさほど必要なかったのですが、登場から40年、今や電池式の電動工具なしで日本の建築現場の作業は考えられないでしょう。

あなたが警察官、消防士、自衛隊員ならさらに深刻です。駅員さんのところでも触れましたが、無線機が使えないというのはかなり致命的。何しろ「指令」が届きません。犯罪も火災も災害も、起きたことを知ることさえできない。皆さんの中には、これだけ携帯電話が進歩した世の中で、なぜ古くさい無線機がこういう重要な場面で使われているか怪訝(けげん)に思われる方もいるかもしれません。でも、無線機には携帯電話にはない二つの大機能があるのです。①携帯電話の通信は基本的に1対1であるのに対し、無線機は1対多数が可能。②携帯電話は端末と端末だけでなく（電力が必要な）中継局が必要。中継局が停電になったら通信できません。無線機は両端の端末だけ生きていれば中継局は不要。停電をともなう災害に強いのです。ですからホテル、野球場、大きな病院でも使われていますし、ALSOKやセコムなどの警備会社は、そもそも無線機なしでは事業が成り立たない。だから、二次電池禁止で私たちはすべてのセキュリティーを失うことになります。

……さて、お昼ご飯。飲食店の従業員さんはワイヤレスの厨房連絡用の端末（レストランPOS）は使えません。紙の伝票を書いて厨房に渡します。たまに紙が飛んじゃって忘れられちゃうかわいそうなお客さんが出ますが、しかたありません。支払いもスマホは使えないので〇〇ペイといったQRコード決済はダメ。現金かクレジットカードで支払います。レジには支払い待ちの列ができてしまうけれど、これもしかたありません。あ、間違えてキャッシュレジスターのプラグを抜いちゃった……メモリーをバックアップする電池が入っていないので、すべてのデータは消えてしまいます。入っている現金が正しい額なのか、分かる方法はもうありません。

そして「二次電池規制法」は食事のメニューや値段にも影響を及ぼすでしょう。今やたくさんの酪農・養豚・養鶏の現場で給餌ロボットが使われていますし、水まきや薬剤散布に使う農業用噴霧器やドローンも多くが二次電池式です。イノシシなど害獣侵入防止装置もしかり。ため池や水田の水位監視もしかり……。

私たちはもう二次電池なしでは暮らせないのに、政策はEVと定置用蓄電に偏りすぎです。３Ｐ（Phone　携帯電話、PC　コンピュータ、Power Tool　電動工具）をはじめとした二次電池を使った製品は、今や「生活必需品」であると認識しなければなりません。

……おっと。今回はつい興奮して長くなっちゃいましたね。今日はここまでにします。

これ以上いろいろ考え始めると……私が充電切れになりそうですから。

２０２３年５月15日

12

〈電池と巡り合った頃（前編）〉

1983年の年末、26歳の私は、派手な黄色いハンテンを着て横浜の家電量販店のテレビ・ビデオ売り場に店員として立っていました。「デンキ屋は雰囲気が第一。お客様の購買意欲を盛り上げよう」という精神論大好き店長の指示で、私たち店員はみなシャツ・ネクタイの上にハンテンを着せられていたのです。

「ハンテンでモノが売れるわけないじゃん」……私は冷めた気持ちで、ハンテンの上に「専門相談員　田中（景）」という大きな名札まで付けられてフロアに立っていました。

そもそも店で「待つ」しかできない店員稼業が性に合わないのは最初から分かっていました。だからお客様には申し訳ありませんが、内心（なぜこんなことやっているんだろう）という気持ちで接客していたのです。

なぜこんなことやっているんだろう……その数年前、高校を卒業して、なにしろ人と違う生き方をしたかった私は、大学受験をせず配管工見習いになりました。知り合いに総合商社系のイラン天然ガス採掘プロジェクトを教えられ、「これだ」と応募し、イランで仕事をすることにしたのです。一人前の配管工になれば現地に数年間行き、学校や病院の建設で働ける。「あっちではお金の使いようがないから、3年も行ったらまとまった額の貯金ができる」という話でしたが、国内の現場研修を重ね、パイプレンチの扱い方も一丁前になった1978年、イラン革命が起きました。宗教家と民衆が蜂起し、親日的だった国王は追放されて、あっさりプロジェクトは中止。……外国に行けないのだったら重労働の配管工なんてまっぴら、すぐにやめました。

電器店の店員は、だから「しかたなく」「とりあえず」の職業で、誇りもやりがいも感じていませんでした。お酒を覚え、麻雀にはまり、とんがっていた青年もみるみる愚痴っぽいサラリーマンになっていきます。今思えば「配管工もイヤだけど店員もイヤ」という辛抱のない若造だったのです。

「今、電話があって、Mさんのビデオ、また録画時間が短くなっちゃったんだって。あとでお店に来るってよ」

裏でタバコを吸って売り場に戻ると、同僚が私にメモを渡します。Mさんはポータブルビデオ一式（ビデオカメラ＋ビデオデッキ＋カバン・電池など。私の月給が手取り15～16

万円の頃一式60万円ぐらいでした）を買ってくれた私のお客さんで、頻繁にお店に来て付属品を買い足してくれたり、撮影した映像を見せてくれたりしていました。ただ、この頃、Mさんは撮影途中での「電池切れ」に困っていました。1個1万5000円の電池パックを何度も買ってくれましたが、何度替えても撮影時間は取扱説明書に書いてある時間よりもかなり短い。

私は気が重くなりました。Mさんは大きな声で苦情を言うような人ではなく、むしろいつもニコニコしてご自分の撮影経験を教えてくれる初老の紳士です。この方とお話しするのは楽しくこそあれ、苦ではありませんでした。しかし……。

気が重くなっていた理由は、その数日前に話をしたポータブルビデオのメーカー・ナショナル（当時の松下電器産業。現在のパナソニック、ナショナルは当時のブランド名）の方のお話です。当時ポータブルビデオを作っていたメーカーはナショナル、ソニーの2社だけで、ナショナルはVHS方式、ソニーはベータ方式でテープ（メディア）の互換性がありません。Mさんがナショナルにしたのは、自宅にVHS方式のデッキとたくさんのテープを持っているからということで、だったらと私がお勧めしたからです。

その数日前、店に「事業部技術者の量販店巡回」ということで松下電器の技術者がお見えになったとき、「最近、何かお客様の声はありましたか」と聞かれたので、私はMさんが何度バッテリーを買い替えても撮影時間が短いことを伝えました。するとその技術者は大阪弁を隠そうともせず（当時はまだ東京では珍しかったのです）「ここだけの話、ウチの電池はアカン」と小さな声でおっしゃいました。

当時は高度成長期、サラリーマンは愛社精神のカタマリであることがふつうで、このように自社製品を批判することはまれでした。私は勇気を出して聞いてみました。「でも、ソニーさんの電池ではそういうことはないんですが」

「そこやねん。ウチもソニーさんみたいにニカドにすればええのに、アホみたいにナマリを使うてるから、お客さんにこういうご迷惑をおかけしとんのやわ」

この日、私は電池にはニカドとナマリという種類があり、ナマリは比較的安いが使わないで放っておくとどんどん撮影時間が短くなってしまう（あくまで当時のお話です）ことなど、それまで知らなかったことをいくつか知りました。技術者の方は在庫の電池の箱の製造日を見て「ちょい、古うなっとるかもしらん」と苦い顔でおっしゃいました。

……つまり、私は古くなってしまった電池をMさんに売ってしまったかもしれない。このことをどのようにMさんに伝えるか、私はずっと考えていましたが、その結論が出ないうちにMさんがまた来店されることになったのです。彼はいつものようにデッキを肩から下げて「田中さん！」とニコニコ顔でやってきました。

「また20分ぐらいで電池がなくなっちゃってね。本当は45分撮影できるはずなのに」

ニコニコはしていますが、ちゃんとしたクレームです。

「すみません、Mさん、実は先日ナショナルの技術者が来てくれたのでMさんの話をしたのですが……」私は聞いたとおり「充電できる電池にはニカドと鉛があること」「ナショナルは鉛を採用していること」「鉛電池は自動車の電池に採用されている身近な電池だが、使わずに放置しているとどんどん使用時間が短くなること」「使用時間が短くなってしまった電池も充電・放電を数回すれば、また長く使えるようになるかもしれないこと」を話しました。Mさんは頷いて「じゃ、やってみるよ。僕は使いすぎるといけないと思って大事にしまっていたからね」と毎週充電してみると言ってくれました。最後に私が「ソニーさんは鉛でなくニカドっていう電池を使っているんですって。そっちのほうが新しい技術のようで、放っておいても大丈夫みたいなんですが」と言うと、Mさんは「そういうの、最初に聞いておきたかったよね」とおっしゃいます。私は何か月か前にVHSをお勧めしたことを後悔しました。

Mさんを駐車場までお送りして店に帰ると、売り場に背の高い中年の男性が立っていて、私を見ています。きちっとスーツにネクタイをして、平日に電器店に来るお客様の感じではありません。彼はまっすぐ私に歩み寄ってきました。

「すみません、前のお客さんとのお話を聞いていました。電池にお詳しいようですね」

「いえ、そんなこともないんですけど」

「私はKと申します。あとで相談させていただくかもしれません、田中さん」

彼は私の胸の名札を確認しながら帰っていきました。（後編へ続く）

2024年2月1日

13

〈電池と巡り合った頃（後編）〉

「Kと申します。ビデオフロアの田中さんをお願いします」

彼と会ったことを忘れかけた頃、外線から電話がかかってきました。

「お電話ありがとうございます。田中は私です。思い出しました。電池でご相談がおありなんですよね」

見てもらいたいものがあるから横浜駅西口の事務所に来てほしいということで、私は指定日に各社のポータブルビデオのカタログを持って出かけました。こういうときはハンテンを着なくてもいいので、少し解放されたような気がします。指定されたビルに着くと、K氏はエントランスで待っていました。連れていかれたのは事務所ではなく2階のレストラン。挨拶を終えると、彼はある企業の会社案内を私の前に置きました。知らない社名でした。

「二次電池と言ってね、充電できる電池を専門に扱っている商社なんだけど、田中さん、興味ないかな。電池の基礎知識がある人を探しておられるんだけど」

考えていたことと現実とのあいだのギャップに、私はカタログを入れた茶封筒を持ったまましばらく何も言えずにいました。引き抜き？

「……電器屋さんの店員がいけないっていうわけではないけど、ああいう仕事って若いうちだけだと思うよ。お給料も高くないと思うし。それに、土日にきちんとお休みがある仕事のほうがいいでしょう？」

土日が休みでないというのは不便でした。ちゃんとしたガールフレンドができないのも休みが合わないというのが大きな障害でしたし。

「田中さん、年齢は？　大学は出ているんでしょう？」

「26歳です。大学は行っていません」

大学受験しなかった話、配管工になったら革命が起きて仕事がポシャった話を正直に話しました。すると彼は難しい表情になり「高卒かぁ」とつぶやきました。高卒が問題で、なぜ高卒なのかはあまり関係ないという感じです。

「田中さん、じゃあ、こうしてくれませんか。ウチに来ている求人票は大卒が条件になっているんだけど、もし、あなたが転職したい気持ちがあったら履歴書を送ってください。私はその企業さんに『高卒だけど電池に詳しい人がいる』って言ってみるから」

彼はそう言って、テレビコマーシャルをガンガンしている人材紹介会社のロゴが入った名刺を私に差し出しました。

呼び出されて、土日休みと給料アップの夢を見せられて、そして高卒の店員という自分の現在地をこっぴどく知らされただけでした。私は履歴書を送りませんでした。

年が明け、そんなことがあったことも私は忘れていました。Mさんとはますます仲良くなり、旅行仲間の方を何人も紹介してくれるようになっていました。その頃（1983〜1984年）はカメラとデッキがくっついた「カメラ一体型ビデオレコーダー（のちに『カムコーダー』と呼ばれるようになる）」のまさに黎明期で、カメラとデッキをバラバラに購入したMさんは「早く買いすぎたかな」と後悔しながら、それでも友達と来店してくれるのでした。

「それでさ、（VHSの）ナショナルからはまだ一体型は出ないの？」

「そうなんです。一体型は今のところソニーだけ。でもテープがVHSじゃないから……」

「最初からベータにしておきゃよかったかなあ」

そう言われると、私の心も痛みます。

「ウチはベータだから問題なし。田中さんから電池も長持ちすることも習ったし、あとはカミさんを説得してベータの一体型を買うよ！」とお友達。Mさんは苦笑いです。

VHSかベータかは、電器店では入り口の議論でした。私は得意客の家がどちらであるかを把握していましたし、あのあと、ナショナルのビデオ事業部の技術者とは直接電話できる関係になっていたので、Mさんのいろんな質問を通じて私の電池に関しての知識はどんどん増えていました。弱くなってしまった電池を復活させるには定期的な充電だけではダメ、「捨て放電」と言って一度エネルギーを捨ててやること。こうすると電池が「活性化」される。「捨て放電」には別売りのライトが便利。私はMさん用にナショナルから「捨て放電」用ライトを1台もらってあげました。Mさんは「田中さんは勉強家だね。助かるよ」と言って、さらに頻繁に来店してくれました。

ゴールデンウィークの頃、商談テーブルでMさんといつものようにそんな話をワイワイしていたとき、後ろから視線を感じました。K氏が立っていました。

母子家庭だったので、私の周りにはそういうことを相談できる「大人」がいませんでした。今考えると不見識な話ですが、私はMさんに相談しました。すると、

「真剣に考えたほうがいいよ。そりゃお店から田中さんがいなくなったら僕たちは不便だけど、田中さんの人生を考えたら移ったほうがいいような気がするよ」

Mさんは一気に言いました。さらに熱っぽく、

「商品を勉強して、僕らお客に伝えてくれているところを見て、その人は田中さんを評価

してくれたんでしょう？　そんな機会、もうないかもしれない。寂しくなるけど、僕は面接を受けたほうがいいと思う」

いつもの商談テーブルで、また田中がMさんと仲良く長話をしている……誰も店員とお客さんが転職の相談をしているとは思わなかったでしょう。

履歴書を送ると数日で面接日の通知が来ました。それは2週間ほど先でしたので、私は電池の勉強をしておこうと思いました。「大卒しか採用しない企業だけど、田中さんの話をしたら『会ってみよう』と言ってくれたんだよ」というK氏の恩着せがましい話を聞かされていたからです。面接で大卒よりも優れたところを見せたい。そう思って、数日図書館に通いました。ネットがない時代ですから、情報までの距離は遠い。しかし勉強してみれば電池は実に面白い。ガルバーニのカエル、ボルタの電池、プランテの鉛、ユングナーのニカド、ニカドは1・2V、鉛は2V、世の中の製品に6V／12Vが多いのは1・2Vと2Vの最小公倍数だから……実際、こんな付け焼刃は面接では役に立たなかったのですが、私はその二次電池の商社に採用され、ハンテンを脱いで背広を着ることになりました。27歳になっていました。

入社1年後、私は日立製作所の営業担当になりました。先輩が急に退職してお鉢が回ってきたのです。日立はＶＨＳ方式で一体型ビデオプレーヤ……この頃は「カムコーダー」と呼び名が変わっていました……に新規参入する直前で、あのナショナル、ソニーのコンペティターになろうとしていました。巡り合わせとは本当に面白いものです。私は量販店の売り子から、カムコーダーの電池パック開発最前線に立つことになったのです。

それからの3年ほどは毎日成長を感じる日々でした。ちょっと前までの（あの退屈だった）売り場経験は、消費者と接したことがない工場の技術者や購買担当には貴重だったようです。そして、土日休みになったことが功を奏したか、私は結婚することにもなりました。年賀状で報告するとＭさんは機材を背負って横浜から駆けつけ、披露宴を撮影してくれました。

また日立では、偶然歴史的な光景を見ることにもなりました。あるとき、ちょっとした不良を出して工場裏の倉庫で検品作業をさせられていたとき、積み上げられていた製品にかかっていたブルーシートがパラリとずれ落ち、隠されていたビデオデッキの個装箱が見えました。ソニーブランドでした。私は目を疑いましたが、ブランドロゴの横に大きくＶＨＳのロゴが……ベータの雄が敗北を認めＶＨＳに乗り換えた（ソニーブランドのＶＨＳデッキを日立がＯＥＭで生産開始した）瞬間を私は見たのです。白いヘルメットをかぶった倉庫作業員が慌ててブルーシートをかけなおしていました。……その数日後、ソニーは正式に記者会見をして、ＶＨＳ参入を表明しました。Ｍさん、ＶＨＳにして正解でしたね！

しかし、カムコーダーの電池ではソニーのニカドが生き残り、ナショナルもほどなく鉛からニカドに乗り換えます。そういう変化の一つ一つに理由があり、それを間近で見るのは楽しいことでした。まだニッケル水素もリチウムイオンもない、それから40年電池の世界で生きていくことになるとは想像もしていない、私が電池と巡り合った頃のお話です。

２０２４年３月14日

14

〈ニッケル水素〉

皆さん、エネループはご存じですよね。でも、エネループがニッケル水素電池であることは、知らない方が多いのではないでしょうか？

二次電池は、実用化が古い順に「鉛電池→ニッケルカドミウム（ニカド）電池→ニッケル水素電池→リチウムイオン電池」ですので、ニッケル水素は一世代前のスター電池ということになります。エネループ以外のニッケル水素は残念ながら影が薄くなってきました。

現在のスターは言うまでもなくリチウムイオンです。ところがＥＶの需要急増などでリチウムイオンが足りない、高くなったとあちこちで悲鳴が上がっています。なのにどうしてニッケル水素電池が見直されないのか。今回はそのあたりを考えてみたいと思います。

なぜ、ニッケル水素が売れないのか……それは電池メーカーの営業が電池の種類ごとに細分化され、リチウムイオンしか知らない営業マンが多くなったからだと思います。三洋電機が健在だった頃、三洋の営業はイオン・水素のほかにニカドまで説明できました。今、ニッケル水素を説明できる営業マンは非常に限られています。というか、パナソニックと

ＦＤＫ以外の電池メーカーはほとんどリチウムイオンしか生産していません。ニッケル水素を勉強する必要がないのです。

私が電池業界に飛び込んだ１９８４年当時はというと、代表的な二次電池は鉛電池とニッケルカドミウム電池（ニカド）だけで、たとえばビデオカメラには1本60グラムのニカド電池が10本も使われていました。つまり、セル〈外装プラチックなどを含まない電池そのもの〉だけで６００グラムもあったのです。今、ふつうに買えるビデオカメラは本体重量が３００グラム程度ですから、電池はあきれるほどデカくて重かったのです。

だから90年代にニッケル水素電池が登場してきたときはセンセーショナルでした。このときまで鉛電池が「旧」、ニカドが「新」だったところに「最新」として颯爽と登場したニッケル水素は、携帯電話やＰＣの通話／仕事時間を30％以上も伸ばしました。

しかし絶頂期は10年ほどで、すぐにリチウムイオン電池に主役の座を奪われてしまいます。さらに小型軽量・高電圧なだけでなく、「継ぎ足し充電（使い切らないで再充電しても大丈夫）」も可能なリチウムイオンは「さらに最新」として急速に普及し、ご存じの通り、発明者である吉野彰先生がノーベル化学賞を受賞しました。

そうした華々しい印象のリチウムイオンに比べると「大きい・重い」「継ぎ足し充電がダメ」とデメリットばかり強調されるニッケル水素ですが、実はいい点もたくさんあるのです。たとえば……

①**燃えない**　リチウムイオン電池には、シンナーのような可燃性の電解液が使われていますが、ニッケル水素には可燃性の物質は使われていません。過充電などで破裂することがあっても、セル自身は燃えません。

②**基板が不要**　前述の通りリチウムイオン電池は可燃性物質を含みますので、何か異常が起きると電池側に内蔵された「保護回路基板」が充放電をオフさせる構造でなければなりません。しかしニッケル水素の電池側には基板は必要ありません。だから開発期間・コスト・耐衝撃（基板は割れる）などで大きなメリットがあります。

③**法令的な煩わしさが少ない**　リチウムイオン電池は、電気用品安全法により試験をしてＰＳＥマークの表示が必要ですが、ニッケル水素は対象外です。電池パック新規開発の費用と期間を大幅に省くことができます。また、輸送するときの国際的運送規定もリチウムイオンに比較すると緩和されています。

④**非常に自己放電が少ない**（※機種による）（次項で説明）

ところで、皆さんおなじみの「エネループ」は前述したようにニッケル水素電池の代表選手です。ではなぜエネループがこれほど独占的ともいえる知名度になったか、というと「自己放電が少ない」から。一度満充電にしたら1年間放っておいても80％以上の容量が残っている……一次電池（充電できない使い捨ての電池）では当たり前ですが、この特性、二次電池としては画期的なのです。エネループ以外の二次電池は充電して放っておくだけでどんどん容量が減ってしまうので「充電保存」はできません。

それに対して、エネループは非常に自己放電が少なく、工場から充電状態で出荷されているので買ってすぐに使用（放電）することができます。最初にこの特性を上手に販売促進に使ったのは90年代の家電量販店で、デジカメを買ってすぐ使いたい訪日外国人に、それまで「一度充電してからお使いください」だった一般的なニッケル水素電池に代わりエネループを勧め始めました。やがて、子供たちのゲーム機の電池代に悲鳴を上げていた主婦層が「充電保存」を活用し始め、さらに災害時の非常持ち出しセットのなくてはならない一員となっていきます。

エネループは「自己放電が少ない」だけでなく「使用間隔があいても容量が減らない」

という点でも優れています。10年ほど前「低周波治療器」に海外製ニッケル水素を採用し、2シーズン目に放電時間が激減して困っていたメーカーさんがありました。低周波治療器は秋冬の寒冷時期に使われることが多く、夏場はほとんど押し入れの中。使用間隔が半年あいてしまうと再充電しても元の容量には戻らないことが多いのです。そこに弊社がエネループによる代案を提案したところ、数万個のセールスにつながりました。自画自賛ですが、パーフェクトソリューションだったのです。

さらに最近では放電が可能な温度がマイナス40℃から85℃（上下125℃の温度範囲！）というニッケル水素のセルも出てきました。ちょっと専門的な見方をすれば、マイナス40℃でも電解液が凍らないというのはすごいことです。聞いた話によると、エベレスト登頂隊の撮影クルーはビデオカメラの電池を（電解液凍結を防ぐため）肌着に括り付けて携帯したということですが、今後はこういうところにも使われることになるかもしれません。

ニッケル水素は決して「いにしえのテクノロジー」などではなく、実は現役バリバリの技術です。用途や使い方によってはむしろリチウムイオンよりふさわしいことも多い。今、二次電池と言えば何でもかんでもイオンという風潮がありますが、ちょっと立ち止まって考えてみてください。デバイス設計者の皆さん、リチウムイオンの長期安定供給が見通せない今、その電池パック、リチウムイオンである必要がありますか？

2022年12月22日

15 〈充電LED〉

約40年前、充電式の電動工具の黎明期のことです。この分野のリーディングメーカーはA社。それをB社が激しく追いかける構図で業界が動き出しました。私は28歳、B社に電池を販売する営業担当です。

この時代、リチウムイオンはおろか、まだニッケル水素電池も発売されていません。電動工具用の電池はニッケルカドミウム（ニカド）電池一択、そして三洋一択でした（理由は後述します）。

Ａ社がどう見ていたかは分かりませんが、Ｂ社のＡ社に対するライバル意識はすさまじく、絶えずＡ社の動向を注目し、自社製品との比較をし、顧客に自社の優位性を訴求していました。そんな中、Ｂ社のサービスセンターにはヘビーユーザーである大工さんたちから「午前の作業を終わって1時間の昼休みに充電しても1時間で充電が終わらない。そのために1時間急速充電器を買ったのにおかしいじゃないか」というクレームが続出するようになります。Ｂ社幹部をことさらイライラさせたのは、大工さんたちがこぞって「Ａ社の充電器は必ず1時間で充電が終わるのに」と付け加えることです。

現代のリチウムイオンに慣れた技術者が聞いたら卒倒しちゃうかもしれませんが、当時は「充電ＩＣ（安全に電池を充電するためのＩＣ）」などありません。ニカド電池に直接取り付けたブレーカーが頼り。電池の表面温度が上がってブレーカーが開くと充電完了、漫画みたいにアナログですよね。

では、なぜ電池の表面温度が上がるのか。それは電池が過充電状態になっているからです。つまり、当時は充電するたびに電池を過充電して使っていたのです。それで大した事故も起きなかったのですからニカド電池はタフでしたね。今、リチウムイオンでそんなことをしては絶対にいけませんよ。

という理屈ですので、もしも電池が空っぽで、周りがものすごく寒い場合などは電池の表面温度が上がるのがゆっくりとなり、結果として1時間で充電が完了しないことが想定されていました。取り扱い説明書にも書いてあります。B社としてもそういう場合は丁寧に説明して「ご理解をいただく」のですが、ご理解してくれた大工さんたちが電話を切る直前の一言がB社を焦らせます。「でも、A社の充電器は大丈夫なんだよなぁ」

工具メーカーにとって大工さんたちは重要な需要セグメントです。彼らの横のつながり……口コミも占有率に影響します。ある時ついに「田中さん、三洋電機さんに相談させてもらえないだろうか。一度充電器の技術の方にお目にかかりたいのだが……」という話になり、「三洋がA社に充電器を売っているわけではないから、原因なんて分からないよ」と渋る三洋の技術者を何とか引っ張り出して会議をしました。

とはいえ、何がA社とB社の違いなのかをディスカッションで見つけ出すのは難しく……電池も同じ三洋製、ブレーカーも同一、充電制御方法にも目立った違いはなさそう……結局、三洋が持ち帰って検討してみる、ということになりました。

Ａ社・Ｂ社とも三洋の電池を使っていたのは、他社の電池に比べて大電流の放電ができたから……つまりネジやボルトを強力に締め付けることができたからです。締め付ける時より、実は緩める時のほうが電流をたくさん流します。だから流せる電流が大きくないと「このドライバーで締めたネジが、同じドライバーで緩められない」という致命的な現象がおきるので、Ａ社・Ｂ社だけではなく海外のメーカーもほとんど三洋のニカド電池を使っていました。そういうこともあり、業界では「困ったら三洋電機に相談」と頼られていたのです。

……数か月後、Ｂ社まで来てくれた三洋の技術者から電話があり「田中君、なんか分かったような気がするよ」と。

「Ａ社さんの電池をＡ社さんの充電器で充電試験してみたんだけど、空っぽの電池も、５分しか使っていない電池も、全部60分ぴったりでＬＥＤが消える」

「え？」

「これはどういうことか分かるかい？」

「ええと……」

「ウチがB社さんにA社さんの情報を教えるわけにはいかないから、ボクが言えるのはここまで」

「でも、あの……」

「要するに『満充電になる』ということと『LEDが消える』ということは、必ずしも同じ意味ではないということだよ」

皆さん、お分かりになりましたか。正解は……A社の充電器には電池が差し込まれたら60分ちょうどでLEDが消灯するタイマー回路が入っていたのです（註：あくまで当時のお話です）。5分しか使っていない電池ではとっくに充電が終了しているけど、それでもLEDは60分間点灯している。逆に寒い時は60分では満充電に達していないのに、LEDは60分で消える。が、充電はLEDが消えた後も続いている。大工さんたちは満充電になったかどうかで判断していない（そもそもできない）。LEDがついているかどうかだけで判断している（せざるを得ない）。実際に満充電になったかどうかと関係なくLEDは

60分で消灯。

この事実を知ったB社の技術者の反応はぴったり二分されたそうです。「A社さん、キタネーなあ！」vs「アッタマイイなあ！」……皆さんはどっちですか？

あなたはこのお話を「昭和のテクノロジーだよね」と笑いましたか？

……時は流れ、電池のテクノロジーは大幅に進歩しましたが、電池の充電状態を外から直接見る方法は今でもないのですよ。私たちが見ることができるのはＬＥＤやＬＣＤの表示だけ。その表示器そのものや周辺回路が壊れていたとしても気づくことはできません。壊れていなくても充電状態の表示があまり信じられないことは、皆さん携帯電話で経験済みでしょう。

思い出すのは私の英語の師匠だった専務です。彼は電卓を信じませんでした。かつて電卓のＬＥＤが壊れていて「8」が「0」と表示され、見積もりを出したお客さんとトラブルになった苦い経験があったということで「電卓で計算したの？　そんな数字、信用できるもんか」と言ってそろばんで検算していました。「そろばんは道具、故障はしない。電卓は機械、故障があるという前提でつきあわないとダメだよ。ボクは電卓の数字をそのまま信じるような野蛮人じゃないんだよ」

でもなぁ、電池の容量を測るそろばんはないもんなあ。ときどき妻が「そのエネループ充電してあるの？　してないの？」とテーブルの上の単四を指さして聞いてきますが、電池屋40年の私でも分かりません。「それでも電池屋さんなの？」と食い下がられてもムリ。充電器に入れてＬＥＤを見るしかありません。野蛮人だろうが何だろうがＬＥＤやディスプレイを信じるしか方法がない。そういう意味ではＥＶ（電気自動車）時代を生きるわれわれも、あの時代の大工さんたちとあまり変わっていないのです。技術進化のエアポケット……なのかもしれませんね。

２０２４年８月20日

16 〈MOQ・PSE・EOL……〉

会議で、用語の意味が分からないまま議論が進んでいくと不安になりませんか？　意味を聞きたくても話の流れを切っちゃうのが失礼だと思ったり、ほかの出席者は知っていそうだから聞きにくかったり……特に最近はアルファベット3文字に短縮された用語が必要以上に飛び交って、これって何の略だろうと思うことがありますよね。

私は、最近妻がしきりにＴＫＧという言葉を使うので、勇気を出して「それ、何」と聞いたら「タマゴかけご飯」とのこと。後日叱られないために聞いておいてよかったです。

本エピソードのタイトルの、３つの略語にピーンときた方はわれわれと同じ業界の方ですね。３つそれぞれに苦労させられています……まず、今、電池の仕事で最初にぶち当たる壁がＭＯＱです。Minimum Order Quantity の略で「最小発注数量」という意味ですが、現実はメーカー側が「〇〇個以下なら販売しません」という意味で使われることが圧倒的に多いので「最小受注数量」と意訳したほうがいいかもしれません。５００個しかいらないのにＭＯＱが１０００個ですと言われたら、今の電池業界では交渉の余地はほぼありません。いつ使うか分からないけど１０００個買わざるを得ない。では50個しかいらない場合はどうするのか……ニカド時代は小分け販売する代理店さんがあったものですが、使い方次第で事故につながるイオン電池は小口販売を堂々とはできず、怪しげなネット販売しかありません。わが電池産業は、すっかり小口需要に冷たい業界になってしまいました。

何とかＭＯＱを突破すると今度はＰＳＥです。日本でリチウムイオン電池を流通させる場合は（例外も少々ありますが）電気用品安全法に基づいた試験を実施した上でＰＳＥマークを表示しなければいけません。これはProduct Safety Electrical appliances and materialsの頭文字……ということのようですが、どうしてもアルファベット3文字に縮めたかったんですね。とはいえ、これは法律ですから、ちゃんと費用をかけて試験しなければなりません。そんな費用、何でウチが払わなければならないんだよ……というお客様も多いので、営業としては苦労するところです。

で、ＰＳＥもＯＫになってめでたく量産と思ったら……え、ＥＯＬ？　そんな殺生な。ＥＯＬはEnd Of Lifeの略ですが、英語でよく使う「人生の終わり」ではなく、「生産終了」という意味で使われています。しかし、こいつが一番厄介で、本当に「人生の終わり」に感じられることすらあります。生産終了……お客さんは代替の電池を評価して設計変更や安全規格の取り直しが必要となり、たくさんの費用と時間がかかることになります。

「なぜキミはEOLになるような電池をわが社に勧めたんだよ」とお客さんに叱られて、メーカーを恨んだことがある営業は多いはずです。

というわけで、私どもの業界内では「せっかくMOQラインを下げてもらって量産開始したらセルがEOLになっちゃったよ。またPSEを取り直さないと……」で悲劇が十分に通じますが、業界人以外にはチンプンカンプンですね。相手によっては「最小受注数量を下げてもらってやっと量産にこぎつけたらセル（電池）が生産終了になっちゃった。また費用をかけて電安法の試験をやり直してもらわないと」と言わなければ通じません。そのとき、何の略だったかを知らないと言い換えられない。

「ボクは業界人以外とはそんな話をしないから……」と言えるあなたはラッキーです。金融機関の方と、税理士・弁護士の先生と話をするとき、私はお目にかかる前に「言い換え」を考えなくてはなりませんから。

ところで、アルファベット3文字と言ったら社名です。なぜそうなのかは分かりませんが、とにかく非常に多い。放送局などはほぼすべてがそうです。

身近なところでは、電池関連企業ならＦＤＫ（富士電気化学）とＴＤＫ（東京電気化学）は日本語の頭文字。放送局のＮＨＫ（日本放送協会）と同系統ですね。ＮＥＣ（日本電気・Nippon Electric Company）は和洋折衷型で、放送局で言うとＴＢＳ（Tokyo Broadcasting System）と同じ。中国メーカーのＡＴＬやＢＹＤは社名に想いがこめられていて、前者はAmperex Technology Limited……Amperexという単語は辞書にも載っていないので聞いてみたら、アンペアエキスパート（電流の専門家）を意味する造語なんだとか。自動車メーカーでもあるＢＹＤは、何とBuild Your Dreams……「キミの夢を作れ」です。創業者の方の気持ちがあふれていますね。Dreamsが複数形なのもイイ。

閑話休題、私が中学生の頃のお話です。お医者様の奥様でＮ夫人と呼ばれた名物女性がおられました。非常に活発な方でＰＴＡの役員を長年務めておられましたが、言葉の意味をよく調べずに熱弁をふるう癖があり……。

放課後にＰＴＡ総会が予定されていた日、私たちは教室で「本日はクラブ活動休止、全校生徒は速やかに帰宅すること」を命じられました。例外は、総会前に父兄にお点前（てまえ）を披露する茶道部の女子生徒数名だけ。私の隣席のＤ子さんもそのメンバーで、緊張しています。

英語が専門の私たちの担任は「ところでお前たちはＰＴＡって何だか知っているか？」と切り出しました。そして、

「"Parent-Teacher Association" ＰとＴの連携ということ。親と教師がいろいろと話し合うことだ」

と説明します。

ふーん、なるほどね。

で、総会前の茶道部のお点前。Ｄ子さんの袱紗捌き（ふくささばき）を見ながら、役員のＮ夫人が校長先生にしきりと話しかけます。

「立派なお点前ですねえ。こういうことができるのもピー、テー、そしてエーの三者の協力によって作り上げた……」

Ｄ子さんは笑いがこらえられません。その後もＮ夫人が「ＰＴＡ三者」を連発するのでついにＤ子さんは爆笑。お点前どころではなくなり、涙目で中断してしまいました。

後日、私たちはＤ子さんからこの話を聞き、「ＰＴＡ三者」は校内でちょっとした流行語になります。するとこれがＮ夫人の耳にも入り「親は二人いるんだからＰＴＡ三者で間

違いないべさ（秋田弁）」とおっしゃった由。……皆さん、3文字アルファベットを使うときは、およその意味はつかんでおきましょうね。

話を戻して、電子デバイスではどうでしょうか。真ん中だけ違うLCDとLEDは同じ「表示機器」だから親戚かと思いきやLiquid Crystal DisplayとLight Emitting Diodeで3単語とも違います。前者が液晶で、後者が発光ダイオード。じゃあ、USBは知っていますか？　この言葉を使わない日はないのではないかと思うほどの言葉ですが、意外と知られていないような気がします。Universal Serial Busで、もともとはコンピュータの通信・接続方法のひとつですが、今やコネクタそのものの呼び名のように使いますね。電池業界で使う「USB充電」という言葉も、原義からするとちょっとおかしいのかもしれません。

最後に、もしあなたが電池業界の人間ならOCV、DOD、SOC、FET、NTC、PTC……などは日本語だけでなく、何の略かを知っておいたほうがいいですね。相手の方のバックグラウンドやその企業さんの専門性を考えて……TPOで使い分けてください。

2024年3月14日

【後日談】

最後に出てくるいくつか三文字頭文字の中のPTCとNTCは、サーミスタという「感温素子」の兄弟です。温度が上がれば抵抗も上がるのがポジティブのPTC、逆に抵抗が下がるのがネガティブのNTC。電池パックの中にはNTCを入れ、充電器がその抵抗を監視して電池の温度が上がると充電を止めるようにしています。

1986年ごろ「充電LED」のお話に出てきたB社の依頼で、私はNTCサーミスタのサンプルを買いに行きました。錦糸町からバスに乗って訪ねた石塚電子株式会社（二階建ての「住宅」で畳の上を靴を履いたまま通されたことを覚えています）で、何に使うのかを訊かれたので「電池パックに使います」と言ったら怪訝（けげん）な顔をされました。後日聞いたところ、電池パックにサーミスタを初めて使ったのはB社のこのプロジェクトだったようで、私は知らずに「日本初」に関わっていたようです。その後リチウムイオンの時代がくると、サーミスタはほぼすべての電池パックになくてはならないものとなり、WORDで変換できなかったくらい知られていなかったこのデバイスは飛躍的に生産量が増えていきました。石塚電子はSEMITECと社名を変え、電池屋なら誰でも知っているトップメーカーになります。だからもう……畳敷きではないと思います。

17 〈自前のラボ開業〉

弊社は2023年1月にフューロジックI.C.E.ラボでの「二次電池の評価・検査事業」をスタートします。I.C.E.はInspection（検査）Cycle（充放電）Evaluation（評価）の頭文字です。なぜ今、商社である弊社が評価の事業を始めるのか、今回はそのあたりを説明させていただきます。

ご存じの通り、リチウムイオン電池の需要は世界中で沸騰しています。その中心がEV（電気自動車）用で、2020年の全世界の出荷金額ベースでは全体5・9兆円の54％、2021年は全体8・4兆円の58％がEV向けだとされています。業界全体の伸びは1年間で142％という爆発的なもので、かつEV用が占める割合が増加しているわけです。

ではEVは、どのぐらいのリチウムイオン電池を使うのか……少々乱暴な言い方になりますが、EV1台あたりスマホの5000倍から1万倍の電池を使うと考えると分かりやすいと思います。これを電池メーカーの視点から見ると、スマホ100万台分の電池を生産するのとEV100～200台分のそれとは同じ規模であり、スマホとEVの成長性を考えるとどうしてもEVに事業を傾注させたいということになります。なにせ2030年や2035年にガソリン車の販売を禁止する法律が世界中で作られ、EV1・5億台時代が来ると言われているのですから当然と言えます。

これに対して、弊社の主戦場である「小型リチウムイオン電池」は登場してから約30年。PCやスマホ、電動工具用に使われ続けてきて価格も相当叩かれてしまっています。その結果、利益も出にくく、大手の電池メーカーにとって重要事業ではなくなっているのかもしれません。事実、ソニーや日立グループは小型イオン電池の事業を切り離してしまいましたし、韓国勢も急速にEVにシフトしています。しかし、そんな中でも月に300個とか年に1000個とか、非常に数量の小さな需要にお応えする必要があるのです。「企画数量が小さな事業」と「社会的重要度が低い事業」は同義ではありません。

10年ほど前、こんなことがありました。

その頃、私はある医療器メーカーと「ICU（緊急治療室）での酸素マスク外れ監視アラーム」用の電池パックのプロジェクトを進めていました。ＩＣＵに運ばれたストレッチャー上（つまり、電源はつながっていない）の患者に酸素マスクを装着したとき、患者が首を振るなどしてマスクがはずれ、それを看護師さんが気づかず放置していると生命に危険が迫る。災害や事故などで一度にたくさんの患者が運ばれてきたときはそのリスクが高まる。外れた場合にアラームが鳴って看護師さんの注意を喚起する……というコンセプトの製品でした。社会通念上、非常に必要度が高い製品と言えると思います。ところがセル（電池）メーカーはこの製品に対してのセルの販売に難色を示したのです。いろいろあったのですが、かいつまんで言うと「月１００万円程度の少量の販売で5億円の賠償リスクはとることができない」という企業経営的な判断です。

結局、セルメーカーの強い後ろ向きの姿勢を変えることはできず、プロジェクトはいったん中止になりました。先方にお邪魔してセルメーカーの意向をお伝えし終わると、役員の方が「ちょっと、いいでしょうか」と私に向き直りました。

「……経営的な理由でお断りになるセルメーカーさんのご説明は理解できます。が、当社は患者さんの生命を議論しなければならない。脅しだと思ってほしくないが、そのセルメーカーのご担当者のご家族が何かの災害でＩＣＵに運び込まれたとき、今と同じ酸素マスクを使われて一晩過ごさなければならないとしたらどれほどご心配か。今回これ以上田中さんにご負担をかけることはしないが、もし機会があったらそのセルメーカーのご担当者にこのようなお話をしていただきたい。できない理由だけでなく、どうしたらできるのかを考えてほしかった」

そうおっしゃって残念そうに視線を落としました。

その後、その医療器メーカーは「スペック内で使ってくれれば何に使ってもOK、事故が起きたら機器メーカーの自己責任」というスタンスの海外メーカーの電池を使って製品化した由……といっても国内メーカーのように豊富にデータを提供してくれるわけではなく、本来は機器メーカーがする必要がない試験を外部の評価機関で実施して、時間もおカネもかかったということでした。後日、人づてにこの話を聞いて、私は大きな無力感を感じました。結局、データはメーカー任せ、評価はお客さん任せ、これでいいのだろうか。

弊社はどちら様とも資本関係などがありませんので、世界中の電池をお客様の製品との相性を第一に考えて（セルメーカーの意向や在庫状況に関係なく）紹介できると自負しています。が、本当にお客様の期待通りの性能が出るかどうかの評価はお客様にお願いしなければならない。しかし、自前で電池の評価ができるお客様は限られています。結局、セルメーカーの提供するデータを信用するしかない場合が多い。今までは国内メーカーから信頼性の高いデータを提供していただくことができましたが、彼らがＥＶ事業にリソースを転換する中、特に弊社の主戦場である「少量・多品種」には大手メーカーからセルを売っていただくのも難しくなって参りました。いきおい、日本では無名の海外メーカーのセルを紹介しなければならない局面も増えていきそうです。そのとき彼らから提供されたデータに対して「本当なの」と問われた場合、現在の私たちには返答のしようがなかった。

だから私たちは自前の評価設備を持ちたかったのです。電池メーカーから出てくるデータは信じられない……とは言いませんが、やはり電池にとって条件がいい環境下でのデータばかりです。使用温度範囲の上限や下限、充放電電流の最大値で充放電をしたらどうなるか。実使用に近い条件下ではどうなるのか……。

コロナ対策の補助金事業に採択されたという「神風」が吹いたことも事実ですが、これからは自社では評価ができなかった数多くの企業にお役に立てると思います。少しは弊社も社会に必要な企業としての体裁が整ったのかもしれません。自画自賛ですが、すっかり様変わりしてしまった電池業界で、電池選びに戸惑う小規模需要家様にもお役に立てる企業になりつつある。そんなふうに思っています。
最後にもう一度。「企画数量が小さな事業」と「社会的重要度が低い事業」は同義ではない。忘れかけたらあの医療器メーカーの役員さんの表情を思い出すことにしています。

2022年11月22日

18 〈バッテリージプシー〉

確かにアメリカは日本より転職が多いと思いますが、実質的なクビも多いんです。特に営業職は数字が上がらないと、かなりドラスティック。もちろん、何回か「なぜ売り上げが上がらないのか」の言い訳を聞いてもらえるチャンスがありますが、3ストライクでアウトがふつうです。すると対象の社員はどういう行動をとるか……大半が2ストライクぐらいで転職活動を始めます。で、転職先が見つかり辞表を提出。こういう場合は「辞めた」というべきか「クビ」というべきか……多額の給料で華やかに引き抜かれることよりも、実際はこういう微妙な転職が多いのです。もちろん給料が下がることだってあります。で、彼らはどこへ行くかというと、現職と全然関係ない企業に行くことはまれで、同じような製品を扱っている企業に転職することが多い。培ってきた専門知識も生かせますし、なにより、現職で築いた人間関係を駆使して顧客企業にアプローチもしやすい。まあ、平たく言うとお客さんを盗みやすいですからね。電池業界だとプレーヤーの数が少ないので、この傾向がますます強い。「この前までウチで営業をやってたアイツ、先月からあのライバル企業に移ってウチのお客さんの○○社にちょっかい出しているんだってよ。あの野郎……」という話は珍しくありませんでした。

そんなとき、よく使われた言葉が「バッテリージプシー」です。そうか、アイツもバッテリージプシーになっちゃったんだなあ。ウチに来たときは電池のデの字も知らない奴だったのに……。

1984年に電池業界に入ってから、私は何人ものバッテリージプシーを送り出し、受け入れ、競い合い、協力してきました。それでも、1999年までは自分自身がジプシーになるとは思っていませんでした。ところがこの年、考えてもみなかった理由で私はそういう流れに引きずりこまれていきます。

当時私が所属していたのは三洋電機の代理店で、私はアメリカ現地法人の営業責任者をしていました。ですからセルは三洋の米国現地法人に売っていただく（この表現が適切でした）わけです。

当時はアナログ携帯電話、いわゆるセルラーフォンの全盛期で、ほぼすべての電話メーカーが同じようなサイズのニッケル水素電池を使用していたので生産がまったく追いつきません。どの電話メーカーも「電池待ち」の端末在庫が積み上がっている状態でした。

この頃、アメリカ市場ではノキアとモトローラの2強がセルラー市場を席巻しており、私が担当する日本メーカーはアメリカで4位と6位。それでもひと月10万本単位の電池が必要です。当然、私たちは三洋ＵＳＡに電池の出荷のお願いをひたすら繰り返していました。

そんな中、私はたまたまある顧客企業の玄関でばったりパナソニックの米国人セールスと会いました。彼はその数年前まで三洋ＵＳＡに勤務していたバッテリージプシーの一人で、三洋時代から旧知でした。彼は私に近寄り「5分だけ話ができるか？」と聞きます。私が頷くと「タナカさんの会社は今、三洋から電池が入ってこなくて苦労しているんじゃないか」と聞いてきます。

「そうだけど、でも、今はどこの会社も同じような状況だろう？」

「いや、タナカさんのところが最もひどい扱いを受けてるって話だ。ノキアやモトローラは、三洋がセルを出荷しないとほかのメーカーに切り替える。タナカさんのところは三洋の代理店だから他に切り替えることができない。つまり納期を遅らせても浮気できない。だからお宅に出荷する予定のセルをどんどんよそに出荷しているらしい」

私は驚き、情報の出所を聞いてみました。すると彼はあっさり現職の三洋ＵＳＡ副社長（米国人）の名前を出します。こうして古巣と情報的につながっているジプシーは珍しくありません。「ボクで役に立つことがあったら電話をくれ」と彼は私の肩を叩きました。


彼の話はおおむね事実でした。ウチ向けというラベルを貼られた電池が他社に出荷されているのを突き止めたのです。私はジプシー氏に電話をしました。

「情報ありがとう。君の言いなりになるようでシャクだけど、やっぱり私はウチのお客さんを守らなければならない。君が日本に情報が洩らさないことを約束できるなら、君からパナソニックの電池を買おう。まずサンプルを1ケース。そして10万本、見積もってくれないか」

　今、イオン電池ではこういう安易な「置き換え」はできませんが、ニッケル水素の時代はお客様さえＯＫであれば可能なこともあったのです。

　こうして私は本社に内緒でライバルから電池を仕入れます。ジプシー氏には重ねて口止めをしました。「バレたらお互いのディスアドバンテージだぜ」……しかし翌年、東京の某企業の賀詞交歓会で、パナソニック本社の幹部がウチの役員に「お礼」を述べたことからあっさり発覚。

「どこの代理店だと思っているのか」

「いや、現地のお客さんも守らなければならない」

　激しい口論の末、私には帰国の辞令が出ます。私はアメリカ駐在のまま退職を決意しました。当時は「バッテリージャパン」全盛、私も一応バイリンガルの電池屋ですから仕事探しに苦労はなく、シカゴの電池アッセンブラー（電池パックの組み立てをする企業）に転職することになりました。

　が、そこではパナソニックの電池が主力でした。数週間前まで散々こき下ろしてきたパナソニックの電池をクライアント企業にお勧めするのは「過去の発言との整合性」が取れなくて苦労したものです（あのときパナソニックの電池を仕入れたのは致し方なかったのです）。

「オレがパナの電池を売ることになるなんて……」

当時の三洋は電池の巨人、絶対的ナンバーワン。代理店勤務とはいえ、私には「三洋陣営」というプライドがあったのですが、もはや三洋はライバル、遠い存在になっていました。

気がついたら、自分がジプシーになっていました。

その後アメリカで起業したり、日本で起業したりして24年が過ぎました。2000年に「オレがパナの電池を……」と嘆いてから、数年後には「え、ウチが韓国製の電池を……」「ウチが中国製の電池を……」と、「バッテリージャパン」が中韓に追い越されていきます。2011年に三洋が実質的に消滅し、2017年にはソニーが電池事業を譲渡。そういうことが起きるたび、たくさんの電池関連の方が日本でポジションを失うことになりました。

しかし……電池には言葉にできない魅力があるのだと思います。彼らの多くはジプシーになって電池業界に残りました。私がアメリカで見てきた転職ジプシーとは別の種族ですが、ビジネスを多面的に見る（複数の企業の観点を持っている）能力は一緒です。業界人としての横のつながりも強い。

不幸にして日本のプレゼンスが消えかけてしまった産業に「半導体ジプシー」「液晶ジプシー」のような存在があるとは絶えて聞きませんが、バッテリージプシーたちは今も多くの企業で活躍しています。今も私どもにとっては頼もしい仲間たちです。

ただ、彼らにも（私にも）引退の時期が近づいてきています。そのあとの電池産業はどうなっていくのか……。今、経験豊富なジプシーが次のステージを探したとき、狭くなってしまった日本の電池のフィールドに居場所はもう多くないでしょう。

だから、ジプシーでいられた私たちは幸運だったのかもしれません。白髪交じりになったジプシー仲間と酒を酌み交わすとき、「バッテリージャパン」という言葉がノスタルジックに聞こえることがあります。

2024年4月8日

第三章　お酒のお話……いろいろやってきちゃいました

19

〈タケちゃんの思い出〉

「社員の給料に困って、カードローンで借金して給料を払ったことがあったなあ。今思い出すとよくあの時代を乗り切ったなあと思うよ。でもキビしいのはカードローンでカネを借りたことよりも、そのことを誰にも言えなかったことだね。取引先の耳に入ったら信用なくしちゃうし、社員が知ったら辞めちゃうだろうし。孤独だったなあ」

私が起業したばかりの頃、ある先輩経営者に焼鳥屋でこんな話を聞きました。そうだろうなあと思いながらも、そのときは社員を雇う（お給料を払う）予定が無かったので、漠然と相槌を打っているだけでした。

「田中さん、セミの羽はなぜ半透明か知っていますか」

新大久保の行きつけの居酒屋で、タケちゃんがニコニコ笑いながら話しかけてきます。

当時、もうタケちゃんは80歳近く。小柄で、銀色に近い白髪をきちっと七三に分けたかわいいジイサンでした。

「分かりません。僕はそういうアカデミックなクイズは苦手で」と言うと、タケちゃんは「あれはね、セミヌードっていうことでね」と自分で大笑いしています。そのときの私はそんな話に付き合っている精神状態ではなく、迷惑そうな顔をしてしまったのかもしれません。タケちゃんは「ははは、これは失礼しました」と言ってほかの常連と話をし始めました。

このとき、弊社はすでに創業7年目、おかげさまで売り上げが1億円を超え、社員も二人採用することができて、私はお給料を払う立場になっていました。以前は当たり前のように25日に給料をいただいていたのですが、いただくのと払うのとでは大違いです。25日が近づくと、何ともいえないプレッシャーを感じるようになって、行きつけの居酒屋で焼酎を飲みながらため息をつくことが多くなりました。あの先輩経営者の「孤独だったなあ」の意味がつくづく分かります。

それでもその後もおかげさまでビジネスは拡大し、売り上げも増えていきました。するとどうしても運転資金が足りなくなります。弊社の場合は納期の長い製品を扱っているので、資金繰り表はきちんとつけていましたが、この年の秋、台風で香港発の船の出航が大幅に遅れ、このままでは2か月後に確実に資金ショートするという大ピンチが来てしまいました。仕入れ先は海外企業なので「待って」と言える相手ではありません。早めのお支払いをお願いするにしても、お客様のほうも今月は資金が大変だと言っていたし、新規融資と言っても……と、件の居酒屋でいつもより深いため息をついていると、「田中さん」とタケちゃんが肩を叩いてきました。私はいっぱいいっぱいでしたが、何とか社交用の笑みを浮かべて「セミヌードはこのあいだ聞きましたよ」と振り向くと……。

「田中さん、つかぬ話を申しますが、僕が口座を置いている○○銀行のXX支店の担当者がですね、新規の貸出先を紹介してくれってしつこいんです。ご迷惑でなければ田中さんを紹介したいんですが、どうでしょう?」

タケちゃんが資産家であることは聞いていましたが、どの程度かは知りませんでした。しかしタケちゃんの紹介、というのは相当影響力があったようで、あれよあれよという間に今までお付き合いのなかった銀行の担当者が来てくれて、新規口座が開設され、ピンチ脱出には十分以上の融資が実行されました。……こんなことってあるでしょうか? 顧問税理士には「飲み屋で金融機関を見つけて融資してもらったのは田中さんぐらいでしょうね」と言われましたが、見つけたわけでも相談したわけでもありません。ため息をついていただけです。お礼をしたいと言うと、じゃあボトルを1本入れてくださいと言って、タケちゃんはサントリーの角を薄めの水割りにして、うれしそうに飲んでいました。

それから数年後、タケちゃんは体を壊し、居酒屋に来てもすぐに酔ってしまうようになりました。地下にあるその居酒屋の階段を上ることができなくなって、誰かがお尻を押してあげなければなりません。「タケちゃん、来てる?」というのがしばらく私の挨拶代わりになっていたのですが、ある晩、店のおばちゃんが「亡くなったのよ」と。

「常連が集まって『偲ぶ会』をやるから、田中さんも来てね」


最近はおかげさまで金融機関とのお取引も拡大し、居酒屋でため息をつくこともあまりなくなりました。金融機関の方からは「銀行融資以外の資金ゼロで10年以上事業をされてきたのは大変なことですよ」とお世辞を言っていただけるようにもなりました。

「でも、社長、13年の中には厳しい局面もあったのではないですか?」

ありましたとも。でも最大のピンチで弊社には神風が吹いたのです。幸運でした。しかし金融機関の方にタケちゃんの話はあまりしません。あれは私の資金予測が甘かったのです。あのあと私は、二人目のタケちゃんはいないことを肝に銘じたのです。

『偲ぶ会』は盛況でした。別の飲み屋に広めの座敷を借り、タケちゃんの遺影を置いて線香を立て、みんなで思い出話をしました。

「で、田中ちゃんはタケちゃんに世話になったんだろう？」

古株の常連が私に声をかけます。

「助けられました。銀行を紹介してもらって……」

「……だよな。田中ちゃんのところが困っていたのを知っていたのかな」

分かりません。それを聞いたとき、タケちゃんはニコニコして答えませんでした。

「で、田中ちゃんがタケちゃんのことで一番思い出すことって何？」

「……皆さん、セミの羽はなぜ半透明か知っていますか？」

それ、オレも聞いた。オレなんか3回は聞いた。得意だったよなあ。遺影のタケちゃんは銀色に近い白髪をきちっと七三に分けてニコニコしています。タケちゃん、本当にありがとうございました。

２０２２年11月22日

20 〈ミスターE〉

Exaggerator（イグジャッジレーター）という言葉があります。誇張するヤツとか大げさなヤツとかいう意味で、これを言われたら「お前、大げさだなあ」と言うことです。ほら、「100万倍おいしい」とか「死ぬほど面倒くさい」とか言う人、いるでしょう？

1989年、私はアメリカに赴任し、ストロボ（暗いところで写真が撮れるようにカメラに取り付ける照明装置。一瞬だけ強力に光る）を販売する仕事をしていました。デジタルカメラはまだ発売前で、フィルムカメラでの夜間撮影にはストロボは必須でした。われわれは世界3大ストロボメーカーの一つでしたが、アメリカ進出が遅く、ほかの2社を追いかける立場。そんな中、ほかの2社に差をつけられていたのが「修理・サービス」です。故障したストロボを修理・返送するのが遅くてしょっちゅうクレームを受けていました。

こういう評判はボディブロウのように売り上げに影響します。私はこれを改善しないと占有率は上げられないと考え、原因を調査しました。すると原因は単純でしたが、改善はとても困難で……。ストロボはコンデンサという部品に電池から電気を送り込み、エネルギーを貯め、シャッターを押すと放電して光る、という仕組み。このコンデンサには寿命があり、特に高温で使われると壊れやすくなります。ですからサービス部門にはいつも修理交換用のコンデンサが準備されていないといけません。が、本社はもともと商社で、ストロボメーカーを買収したばかり。メーカーのマインドがまったくなかったのです。「タダで部品を送れって？　何でだよ？」という感じ。

１９８９年の話ですから、通信はファックスです。事務所はアメリカ東海岸、日本との時差は13時間。夕方ファックスを送ると、翌朝回答のファックスが届きます。だから毎晩のように「修理用コンデンサを送ってください」というファックスを送るのですが、ほかのことには回答が来ても、これに対する回答は皆無。まったく興味を持ってもらえません。

そこで私は一計を案じました。

〈……本社貿易部○○様、至急のお願いです。プロ用ストロボ〈型名○○〉の交換用コンデンサを今週中に発送してください。当方、ニューヨークタイムズのカメラマンから修理依頼を受けており、○月○日までに完工・納品しないと取材に影響が出るとのことです。同紙とは関係を深めておきたいので、是非ご協力を……〉

数日後、コンデンサが届きサービス部門に届けに行きました。４人いた修理担当者は飛び上がって喜んでくれます。「エクセレント！　タナカサン、グッドジョブ！」

しかし喜んでいる暇はありません。必要なコンデンサはこれ1種類ではないのです。ただ、私には1枚のファックスで日本を動かす変な自信がついていました。翌日から私はファックス攻勢をかけ、ワシントンポスト、シカゴトリビューン、ＵＳＡトゥディなど有名新聞の名前を持ち出して何機種ものコンデンサを発送してもらうことができました。修理担当者はそのたびに大喜び。

「エクセレント！　でも、どうしてタナカサンはこんなに簡単にコンデンサを入手できるの？　前任の○○さんはできなかったのに……」

「それはね、ちょっとだけ誇張を交ぜているから。有名新聞社の修理品と言って頼むと送ってくれるんだよ」

「エクセレント！　タナカサンは頭がいいなぁ」

この頃から、彼らは私をミスターEと呼ぶようになりました。Eはエクセレントのだとニヤニヤしています。そうじゃないだろう。分かっているぞ。でも、いつしか私自身もファックスの最後に「By Mr. E」と書いて日本に送ったりしていました。

数か月後、私は開発会議で日本に出張することになりました。開発会議は本社ではなく新たにわが社の傘下に入った東北工場で開催されます。私はこの工場には初めての訪問でした。とある東北本線の駅から徒歩20分、早く着いたので私は歩いて工場に向かいました。それでも早すぎて工場はお昼休み、私は食堂の隅っこでコーヒーを飲んで時間を潰していました。隣のテーブルで工場の従業員の人たちが食事終わりで談笑しています。

……今日、午後から開発会議があるんだべ?……んだんだ、アメリカからも出張してくるらしいよ……何、アメリカ?　あのミスターEのウソこぎ(ウソつき)か?　ニューヨークタイムズ野郎か?……ウソこぎって言うな。ああせねば(ああ言わないと)部品まともに送らなかったんだからしかたねぇべよ……だけんどニューヨークの次はワシントンでシカゴで、ガキみたいなウソだったよなァ……いいから。笑ってダマされておけ。あっちも一生懸命なんだからァ……でも、どんな顔してるんだべ、ミスターE。

こんな顔しています、とも言えず、私は真っ赤になって下を向いていました。トホホ。

時間通りに会議は始まりました。いくつかの懸案事項が討議され、新製品コンセプトを共有し、開発計画が承認され、最後に一言、ということで本社から出張してきていた専務

（私の英語の師匠です）が口を開きました。

皆さん、ご苦労様でした。来期の開発計画が無事できて安心しました。あ、アメリカの田中君、工場長から聞きましたが、赴任早々いろいろな新聞社と懇意にしているらしいね。たいしたもんだ。社長も大変感心されていて、来月そっち（アメリカ）に行くときにニューヨークタイムズを表敬訪問したいとおっしゃっています。アポ、とれますか？

私はそのとき、この世の終わりのような顔をしたのだと思います。

が、次の瞬間会議室は大爆笑。専務と工場長がシナリオを書いて「ウソこぎ」の私をやり込めたのです。その夜の懇親会でも私は工場の人たちに散々からかわれました。

「うまくいったと思ってたんだべ。でも、雑なウソにダマされてやるのも難しいんだぞ」

トホホ。

そして、宴もたけなわ、「ミスターEこと田中君、ちょっと」と、専務がニコニコしながら私を手招きします。

「ミスターEって誰が言い出したか知ってますか？」

「うすうす。専務ですよね」

「Eは？」

「気がついていました。『イグジャッジレーター』のEです」

「お、単語力ついてきたね。でも本当の名付け親はここにいる工場長ですよ。工場長、何でしたっけ？」

「……ミスターE加減。言いにくいので『加減』はとりました」

トホホ……。


……ニューヨークタイムズに、アトランタオリンピック報道機材としてプロ用ストロボを正式採用してもらい、引退直前の専務に「エクセレントのE」に格上げしてもらったのは、この開発会議から7年後の1996年でした。

2023年3月14日

21 〈接待〉

コロナ禍が長引いて、取引先と飲食することがほとんどなくなりましたね。こういう生活に社会が慣れてしまって、コロナが終息しても「接待飲食」は非常に少なくなってしまうのだと思います。人生の目標に「良い酒飲みになること」を標榜する私にとっては大変残念な社会の変化です。「接待」が死語になってしまわないうちに、まだ生き延びている昭和の営業マンから令和のビジネスを生きるあなたへ。

私のサラリーマン時代の会社オーナー氏（社長）は、接待について独特の持論がおありの方で、接待費の領収書と決裁願いを回すと何回かに一回、社長室に呼ばれることがありました。聞かれるのは「何を言うため」「何を聞くため」の接待だったのか、結果としてそれは「言えたのか」「聞くことができたのか」ということです。うまく答えられないと「それは接待とは言えない。会社のカネで飲み食いしただけだ」と叱責されました。

幸い、私は先輩たちがそのように怒られているのを若手時代から何度も目撃することができたので、そういう社長の傾向をつかんでいました。ですので、私はあまり叱責されることのない珍しい存在だったかもしれません。そればかりか、貴重な経験もさせていただきました。

あるとき、私の担当している大手顧客から支払方法の変更（ターム延長）の要求があり、会社としては資金繰りの問題からお断りしなければならない、ということがありました。

最初は、私が担当としてお断りした（もちろん、資金繰りが苦しいとは言えません）のですが、お客さん側も簡単に諦めてくれず、では上司と話をさせてほしい、役員と会わせてほしい、ついには社長とアポを取ってほしいということになりました。社長は「逃げるわけにもいかん。夕方、ウチの会社に来てもらって、その後会食ができるような段取りで設定しろ」と。

当日お客さんがお見えになる時間になると、社長は私をともなって会社の玄関で出迎え、「すみません、今日はバタバタしていて昼飯を飛ばしてしまいました。腹が減ってどうもならんのでちょっと早いけど食事に行きませんか？」と。

驚いているお客さんの前に社長専用のクラウンがすーっと止まります。まあまあ、お話はメシ屋でゆっくり伺いますのでとクルマに押し込んで「田中、場所はメシ屋だが会議だぞ。きちんとメモ取れよ」とお客さんを安心させます。

1軒目は寿司屋、ここでお客さんは何度も本題に入ろうとしますが、寿司屋の親方に魚のうんちくを語られたり、社長がお客さんの企業の製品を500個買って記念品に配る計画を聞かされたりしているうちに次のカラオケスナック。とはいえ銀座でしたから、安っぽいところではありませんが、ここでは女の子に勧められて歌ったり褒められたりするので仕事の話どころではありません。お客さんの「戦意」がだんだん失われていきます。

大騒ぎしたあとはしっとりしたクラブ。一転してピアノの生演奏の中、突然社長が口火を切ります。

「夜遅くまで引き回して本当に申し訳ありませんでした。私もなかなか本題に入れなくて……ウチもいろいろあって、これは○○部長、あなただからお話しするのですが、いや、今日何軒もご一緒させていただいてあなたという方が信頼できると思うので申し上げるのだが、実は御社からのお申し出を受けると、ウチの資金が短期的に回らないんですよ。中には資金力がないような会社と付き合えない、とおっしゃるようなアタマの固い人もいる。でもあなたはそんな方ではないことが3軒ご一緒して分かった。正直に申し上げる。1年待ってください」

社長はこれを言うために3軒5時間の雰囲気を作っていたのですね。

そのお客さんは意気に感じて社長と固く握手をしていました。まさにたった一つの「何か」を言うための接待……を肌で感じた夜でした。昭和の頃、言いにくい話をアルコールの力を借りて、ということは確かにあったのです。今、こうした落としどころが厳しいビジネスが、昼間の会議室で（時にはオンラインで）Yes/No で決められていくのを見ていて、だから私は思うことが多いのです。

ところで、接待を円滑に進める上で「飲食店選び」も重要なエレメントです。「打ち合わせ後にちょっと一杯付き合ってください」と言われて、連れていかれた飲食店が満席だったりすると驚きます。予約もしていないのか……こうなると完全に逆効果です。そのあとは夜の町をうろうろし続けることになり、ようやくお店に入れたときには疲れ切っていて話どころではありません。

まず、お誘いする段階で先方さんに嫌いなもの、食べられないものがないかをリサーチして、それを踏まえて飲食店を予約します。好きなものが分かればさらによろしい。私の場合は、居酒屋・蕎麦・寿司・焼肉・カラオケスナックなどメニュー別に、行けば「田中さん、いらっしゃい」と迎えていただける店が5、6軒あります。これは私が規格外の酒飲みであることの裏返しですが、他方で私はこれらのお店を財産だと思っています。飲食店の方に名前を覚えていただくのはそんなに簡単なことではありませんからね。

最後に……あなたが接待される側のときは、「なぜ、お誘いを受けたのか」を考えてみてください。相手さんは何かを聞こう（話そう）という目的があるのかもしれませんね。緊張されているかもしれない。だから招かれたあなたが、その場にふさわしい話題を一つ二つ準備しておきましょう。伺う飲食店のメニューを事前に見ておいて「この料理が食べたかったんです」という手は、古典的ですが打ち解けるのには有効ですよ。

今回はちょっと説教くさくなってしまいましたね。反省です……今晩はどこで反省しようかなあ♪♪

２０２２年７月19日

22

〈社長と呼ばないで〉

20年ほど前のＩＴバブルの頃、立て続けに台湾に行く用事があり、そのたびにアテンドしていただいた現地企業の社長さんに毎晩のようにおもてなししていただきました。

そして3回に1回ぐらいは「2軒目」ということになり、女性がいるお店でカラオケをしたりするのですが、彼のなじみの店に着く前に違うお店の看板の後ろから客引きが現れます。

「シャチョー、こっちよ。カラオケ、こっち。若い女の子たくさんいるよ！」

当時の私は「社長」ではなく、アテンドしてくれている台湾人の彼のほうこそがれっきとした社長さんなのですが、客引きは私の腰に手を回して「シャチョー」を連発します。

決まりが悪いことはなはだしい。汗たらたらで脱出すると本物の社長さんの彼が「台湾の飲み屋、日本人、シャチョーと呼ばれるとうれしいと思っているから」とニコニコしています。シャチョーと呼ばれるのはステータスなんだなぁ、とそのとき初めて思いました。

が、時が流れ、本当に社長になったら、社長と呼ばれることはそんなにうれしくもありません。もっとも、創業以来、社員にも「田中さん」と呼ぶように頼んでいますので私のことを社長と呼ぶのはもっぱら金融機関の方ぐらいです。

肩書きで人を呼ばないのは私のサラリーマン時代の上司の教えです。あるときある方と名刺交換する。その方の肩書きが分かる。肩書きで呼び始める。次回会うときには名刺交換しない。だからその方が以前の肩書きかどうか確認できない。なのに以前いただいた名刺の肩書きで呼ぶ……ということは時に大変失礼なことになるかもしれない。「なるほど、そうですね、課長が部長になっていたら失礼ですよね！」

と相槌を打つと、こう諭されました。

「逆だよ、田中君。部長だった人が無役になっていたほうが深刻だよ」

ただ、初めてお目にかかって相手との距離感がつかめないうちは肩書きでお呼びするのが無難かもしれませんね。中には肩書きで呼ばれることのほうがしっくりする方もおられると思います。ここで難しいのは、呼びにくい肩書きです。ナントカ代理、主査、主幹、理事補……若いときに部長心得（ブチョウココロエ）という肩書きの方とお目にかかって、どうお呼びしていいのかモダエた思い出があります。あれっていまだにどんなお立場の方か分かりません。

話を「社長」に戻します。仲良くなった金融機関の担当者が交代になるというので、個人的な送別会をしました。席上、多少アルコールが回った私が「あなたがた金融機関の担当者は僕のことみんな社長って呼ぶのは、実は名前を覚えなくてもいいという生活の知恵なんじゃないの？　会う人がほとんど社長さんだしさ」とかねてからの疑問をぶつけると「逆ですよ。支店内の稟議などでは『社長の田中氏』です。単に「社長」だったらわけが分からなくなりますからね。でも、実際お目にかかってお話しするときは、フツーの社長さんは『社長』と呼ばれるほうがうれしいと思うんですが」……フツーでなくて悪かったね。フツーでなくなった理由もあるのだよ。

お付き合いで国会議員の新年会に出席したことがありました。某年1月2日午前11時、都内の大きな神社の催し物会場の3階。私が参加したのは2部制の第1部でした。窓の外はものすごい初詣客で、皆さん参拝後、すごく寒い中、長い列を作ってお守りを買ってお られます。それを暖かい室内から見下ろしているというだけで申し訳ないのに、「○○議員新年会」の出席者には、お巫女さんが全種類のお守りをのせたお盆を持ってきて注文をとっていってくれます。もちろんタダではないのですが、寒い中列に並ぶことなく、さらに一杯いただきながら……とても申し訳なく居心地が悪い思いです。

で、とにかく先生のお話が終わり、秘書の方などが徳利やビール瓶を持って会場を回ります。当然、私のところにも「社長、いつも大変お世話になっておりまして」と如才なく挨拶に来ます。あれ、お世話したことなんかあったっけ、などと言ってはいけません。宴もまだ序盤、皆さんお行儀よくしているのですから。でも……最初はおとなしくしていても、やはりアルコールが回ってくるとイヤミオヤジの習性がアタマをもたげます。

「ねえ、○○さん（秘書の方の名前。見た目30代後半ぐらい）、ここに来ている方はみんな先生の支持者なの？　オレ以外は」

「またまた社長、しゃれがきついですって」

「だってさ、あなたはオレのこと社長、社長って呼んでるけど、オレの名前、知らないでしょう？」

「新宿1丁目のフューロジック株式会社の田中社長」

「お、すごいね。名刺は受付で一枚渡しただけだよね」

「私もプロの議員秘書ですから」

「そういうもんなの？　何かトリックあるんでしょ？」

「ないですよ。強いて言えば、コツは初対面の社長だけお名前を覚えておくんです。以前お目にかかった社長はもうここにインプットされていますから」と自分の頭を指さします。皆さん、日本の議会制民主主義は、国会議員の秘書たちの人面記憶力にかかっているのです。

「大変だね。これだけの人数……たまにしか会わないのに。たいしたもんだ。それでこれが終わったら夕方の部もあるんでしょう？　お昼のアルコールも抜けないうちに。……呼び間違えたりしないの？」

「その辺はちょっと工夫があるんです。ここだけの話ですが」

「工夫？」

「お昼の部の出席者はシャチョーさんだけ。夕方はセンセイだけにしているんです」

そのときは大笑いしましたが……こうなるともう「記号」に過ぎませんね。こういうことがあったからときどき思うのです。私を社長と呼ばないで。

2022年10月17日

【後日談】

このエピソードを配信したあと、私を「社長」と呼ぶ人は減るだろうと思っていたのですが……まったく変わらなかったですね。普段そんなことは聞かないのですが、この時ばかりは「読んでくれましたか?」と確認もしてみました。が、「読みましたです」といいつつ、やはりシャチョーのままです。その後、そういう方々の言い方には共通点があり、ほとんどの場合「スイマセン」とペアになっていることにも気づきました。「シャチョー、スイマセン、あのですね……」「スイマセン、シャチョー、例の件ですが……」特に電話の場合は100%これ。いちいちうるさいことは言いたくないけど、もう少しスマートな呼びかけ方ってないのかなあ。

私はできるだけ肩書きではお呼びしないようにしています（名字でお呼びします）が、今までムッとされたことはありません。もっとも、私が気づいていないだけかもしれませんが。

23

〈漢字・感じ・幹事〉

今回のエピソードにはちょっとだけオトナのお話が交じっています。そういうのがお嫌いな方はスキップしてください。

かつて銭湯の入り口には番号札式の下駄箱があり、そこに履物(はきもの)を入れてから脱衣場に入るようになっていました。ところが、このシステムが分からず脱衣場に土足で入ってきてしまうお客が一日に何人かいる。そこで店主は下駄箱の横に張り紙をしました。

「ここではきものをぬいでください」

漢字が読めない子供も来るからと全部ひらがなで書いたのが間違いのもとで、今度は下駄箱の前でハダカになってから脱衣場に入ってくる人がたくさん……って、何が起きたか分かりますか?

今、ためしに自分のパソコンで「ここではきものをぬいでください」を一括変換したら、はたして「ここでは着物を脱いでください」と変換されました。もちろん店主は「ここで履物を脱いでください」と言いたかったのです。

この話は、漢字で書けばいい（漢字にフリガナをすれば完璧）のにひらがなで書いて失敗した例ですが、現代はパソコン、日常的に誤変換と闘わなくてはいけません。現にこの文章をここまで書くあいだにも「一括変換」が「一括返還」、「漢字」が「感じ」と変換され、舌打ちしながら何度も変換キーを叩いています。もう、機械はバカだなぁ、「感じで書けば」って何なんだよ！

誤変換がやっかいなのは、タイプしている人間が正しい漢字を知らないと、間違ったまま世の中に出ていってしまうということですね。電池界隈のかなりのキャリアの方でもプリント基板を「基盤」、篏合（かんごう）（電池が機器本体にはめ込まれること）を「勘合」と書いてこられます。「音」は合っているけど「意味」が違います。

次のお話は、漢字の「音」と「意味」が見事に合った（合わせた）というお話です。

またまたアメリカ時代のことです。アメリカ駐在の日本人男性は8割方がゴルフに興じます。日本人だけのゴルフの月例会がいくつもあり、私の居たニュージャージーでも「ナントカ会」「ナントカコンペ」「ナントカさんを囲む会」的な集まりがたくさんありました。秋になるとそのシーズンの総決算的な大コンペが実施され、私の所属していたグループは所属企業からの持ち寄りでいろいろな景品を準備するのが恒例となっていました。

この年は私が幹事でしたが、やはり食品会社の景品は人気で、カップラーメン1ダースや3か月腐らない豆腐は、いわゆるゴルフウイドゥ（休日のたびゴルフに出かける旦那を持つ奥さん）へのいい罪滅ぼしになりました。私のところは「電池」というわけにもいかず（家庭で使える電池は扱っていませんでしたし）、接待費でパターを買ったり、日本食レストランの食事券を作ってもらったりしていました。

そんな準備をしている頃、飲み仲間のA氏から「B君が相談があるって言っているから来てよ」という電話があり、私たちは行きつけの日本食レストランに集合しました。B君は数か月前に赴任してきたばかりで、ゴルフコンペのメンバーになってはいましたが、どのような会社の方なのかはまだ知りません。

改めて名刺交換すると、会社名は「〇〇ラバーインダストリー」と現地法人名になっていたのでパッとは分かりませんでしたが、隣にいたA氏が「ほら、君もお世話になっているだろう？」と鼻を膨らませて笑いをこらえています。そうか、あの会社か。

でも、私は初対面に近いので「そうですか、有名企業ですよね。やはりアメリカには販路拡大を目指して来られたんですか」とまじめに応対しました。

「販路拡大と言っても難しいことがいろいろあるのですが（何が「難しいこと」だったのかも聞きましたが、この本にはふさわしくないので書きません）、今日のご相談は……」

駐在し始めは何かと情報不足です。しゃぶしゃぶ用の牛肉の薄切りはどこで買えるのかとか、刺身用の魚はどこで売っているのかとか、そういう情報が欲しいのかと思いきや……。

「あの、今度のゴルフコンペにウチも景品を出したほうがいいってAさんにアドバイスされまして……」

やりやがったな。A氏はマジメ君をからかうことが大好きです。B君も見るからに洒落のきかないマジメタイプで、あとで聞いたところによると創業家一族の次男とか。

「で、皆さんに弊社を知ってほしいので、最初は参加賞として全員に1ダース入りを、と思ったんですが……」

A氏の鼻はどんどん膨れて破裂寸前です。

「それだと独身者や女性もいるからってAさんに言われまして」

「そうですよね」と私。

「でも、どうすれば必要としている方に当たるかが分からないので、幹事の田中さんにご相談を……」

「既婚で、かつ子供さんが今は欲しくない方ですよね」

「はい。でも、それは最悪、必要な方に譲っていただければいいのですが」

するとA氏が横から口を出します。

「だからね、B君、みんなに覚えてほしいのが目的なら、なんかインパクトがある渡し方を考えないと。ユーモアがきいたやつ」

「たとえば……？」

「たとえばだ。一年分を桐の箱に入れて熨斗(のし)をかけて出すとか」

「桐の箱なんてどっから持ってくるの？」と私。

「桐ではありませんが、木箱ならあります。そういう製品がありますから」とB君。

「でも、クラブハウスで表彰式やるとき、ほかのアメリカ人に『日本人がゴルフやって、あんな賞品もらってヨロコんでる』って思われたら恥ずかしいから、中身はアメリカ人には分からないようにしたほうがいいな」

「それに、会長（コンペの会長は旅行会社の社長さんで、声が大きい）は賞品名を大きな声で叫びそうだからね。コイツは英語も日本語もほとんど同じ発音だし。『〇〇さん、おめでとう、〇〇一年ぶーん！』とかね。そんでアメリカ人から拍手されたりして」

そのあとはアルコールも入って何だかとりとめのない話になり、木箱入りをどうするかの結論は出ないで解散してしまったのですが……。

そしてコンペ当日、B君が真剣な顔をして私に近づいてきました。

「あの、これならアメリカ人には読めないし、会長も大きな声を出さないと思います。それに、今は子供がいらない既婚者の方に届く願いも込めたんですが」

差し出された箱には熨斗がかけられ、達筆流麗、墨痕も鮮やかに……。

「特別賞　〇〇社謹製　御婚童無一年分」

2023年12月10日

24

〈ミカちゃんは追わない〉

前にも申し上げましたが、私の人生の目標は「良い酒飲みになること」です。でも、良い酒飲みになるための教科書なんてありませんから、自分の中でいくつかのルールを決めています。たとえば「飲めない人に無理に勧めない」とか「他人の会話に割り込んでいかない」とか。経験ありませんか、見ず知らずのよその人にウンチクを聞かせようとする酔っ払い……迷惑ですよね。

この季節、ベイスターズの試合のテレビ放送がある日には、私は新大久保の行きつけの居酒屋で焼酎片手にテレビ観戦をします。私は夏でもビールではなく焼酎。おなかにたまらないから。

店の常連には他にもプロ野球好きがいて、いつもはディープな野球談義ができるのですが、その日は店がヒマで、私は一人でテレビ前のテーブル席を独占していました。

そこに3人、常連ではないお客さんが入ってきました。50がらみのボス的雰囲気の男性と同年代ぐらいの女性、そして30歳ぐらいのモミアゲの長い若者。全員胸にネームの入った作業服の上下を着ています。ボスが首からかけたタオルで汗を拭きながら生ビールを3杯注文して、私の隣のテーブル席に座りました。何だか、良い酒飲みのルールに反しそうな危険な匂いがする人物です。まず、声が大きい。それでなくともテーブルは1メートルぐらいしか離れていませんから、ふつうに話をしていてもすべて内容が聞こえます。

「……で、サンコーシャから注文とれたのかい」とボス。

「いえ、イワイさんと2回飲んだけど、注文、出してくれないんですよ」とモミアゲ君。

どうもサンコーシャという会社のイワイさんを、モミアゲ君は2回接待したにもかかわらず、イワイさんはつれないらしい。私は四球を連発するベイスターズ先発の濱口に舌打ちしながら、モミアゲ君に少し同情していました。

「あの人は取引先と飲むのが仕事だもん、そう簡単にはいかないだろう。で、お前、注文出してくれってちゃんと頼んだの?」

「頼みましたよ。現場でも頼んだし、オオゼキ（飲み屋の店名らしい）でも」

「オオゼキで? ダメだよ、そんなの。飲むときゃ飲むだけにしろよ。飲み屋でそんなこと頼まれたらイワイさんだって酒がうまくないだろうよ」

「でも、そのために飲んでるんだし……」

「ダメダメ、そんなに簡単にミカちゃんエリちゃんは来てくれないの」

「え、なんスか？　キャバクラっすか？」

テレビでは濱口がジャイアンツに打ち込まれてワンサイドになりつつあり、私の興味は野球から急ハンドルでミカちゃんエリちゃんに向かいます。それ、誰？

「バーカ、何で今キャバクラの話なんだよ。違うよ。1回や2回飲んだぐらいで見返り（ミカ・エリ）を期待するのはゲスだって言ってるの。どこからキャバクラが出てきたんだよ」

「だってミカちゃんとかエリちゃんとかって……」

「シャレなんだよ。分かれよ。『見返り』って言うとズバリすぎて生々しいだろう？　だからミカちゃんエリちゃんって……もう、何でこんなことまで説明しなくちゃなんねえのかなぁ」

私は思わず吹き出してしまいました。うまいこと言うなあ。

すると黙って座っていた紅一点が私に向き直って「すみません、声が大きくて」と謝ってから、ボスとモミアゲ君に「ほかのお客さんもいるんだからさ、あんたたち……」とたしなめます。

「いえいえ、聞こえちゃったもんですから、すみません。でもうまいこと言いますね」するとボスもぺこりと頭を下げ「センパイ、すみません。ちょっとこいつに説教しちゃってて。静かにやりますから勘弁してください」と。

見た目と違って、そんなにタチの悪い酒飲みではないようです。私も良い酒飲みのオキテを守り、テレビに視線を移しながら軽く敬礼をしました。が、濱口はいよいよ乱調で、ついに齋藤コーチがマウンドに行きボールを取り上げました。交代です。あーあ。

隣の席ではボスが音量を半分にして説教の続きです。

「そもそも飲んだ見返りに仕事を出すような世の中じゃないよ、今は。コンプラとかってあるだろう。でもな、オレはお前にイワイさんと仲良くしてほしいわけよ。だからがっついてミカちゃんのケツ追っかけてないで、イワイさんに、あ、またお前と飲みたいなぁって思ってもらってほしいのよ。飲みながら『注文出してください』なんて絶対ダメ」

私は、目はテレビの野球中継を見ながら耳だけで説教を聞いていました。だから表情は分かりませんが、モミアゲ君には説教があまりしっくりきていないようです。

「何だよ、口とんがらせるなよ。分かってくれよ。一杯ごちそうしたらご褒美に注文もらえるって、お前はサザエさんちのカツオか？　お使い行ったらお駄賃か？　仕事ってそんなに単純じゃないだろ」

ボスの声がまた少し大きくなりかけて、紅一点が私のほうをチラチラ気にしているのが分かります。気がついたのか、ボスもちょっと小声になりました。

「お前、な、ゴミが落ちてると拾うでしょ。ふつう、拾ってゴミ箱に入れるでしょ。そういうときも『ゴミ拾ったんだから、神様が何かご褒美くれるかもしれない』って、お前、思ってたりしない？　エンゼルスの大谷がゴミ拾ってカッコイイのは、何気なーくさりげなーく拾うからでしょ。人は、そういう人と付き合いたいもんなんだよ」

そうか。しかし、私自身はどうだろう。何気なーくさりげなーくゴミを拾えているだろうか？　見返りを求めず、物欲しそうにならずに取引先とお付き合いできているだろうか？

テレビでは、濱口のあとに出てきた二線級もカツンカツン打たれ、とうとうゲームセット。隣の席も説教が終わり、名物の豚の麹漬け焼きを3人ご機嫌で食べていましたが、しばらくして「お姉さん、お会計お願いします」と。野球が全然面白くないので、私はもうちょっとボスの説教を聞きたかったのですが「明日も早いから」と言い合いながら3人は帰っていきました。

……と思ったら、突然ボスが帰ってきて、私に「センパイ、ビール飲みますか？」と尋ねたのです。

「ごめん、センパイ、オレ声がデカいからうるさかったよね。野球も負けちゃったし」なぜかベイスターズの敗戦の責任も取りながら、ボスは再び店から出ていきます。同時に、私の前に生ビールの大ジョッキが届きます。いつの間に注文したんだろう。「ごちそうさん」と大声で追いかけましたが、ボスは振り返らずにサササッと右手を振って小走りにモミアゲ君たちを追いかけていきました。

席に戻ると、テレビではレフトスタンドのジャイアンツファンが「闘魂こめて」を勝利の大合唱です。普段ならおばちゃんからリモコンを借りてチャンネルを変えるところですが、私は腕組みして考えていました。よし、良い酒飲みのルールを一項目追加しよう。

ミカちゃんは追わない。ミカちゃんのために何かをしない。飲み屋でも、仕事でも。

それにしても、いまどき後輩をあんなに熱っぽく説教できる先輩は珍しい。私はちょっとグリース臭いボスの作業着のにおいを思い出していました。そして、普段は飲まないビールをおいしくいただきました。

2023年7月11日

25 〈この言葉、知っていますか?〉

職安通り

夕方、いつものように新大久保に飲みに行こうとタクシーを止めたところ、ドライバーは若い女性でした。聞けば25歳。新卒でタクシードライバーになったということです。

「ご指定のルートはありますか」

「うん、大久保通りは混むから職安通りからお願いします」

「承知しました。……でも、『職安通り』って面白い名前ですよね。八重洲とかと同じで、昔この辺に住んでいた外国人の名前とかが由来なんでしょうか」

「え……？」

私は彼女が本気で言っているのか冗談なのか、少しのあいだ分かりませんでした。クルマは奇しくも職安の前を通ります。

「あの、運転手さん、これが職安ですよ。公共職業……」と言いながら建物を見ると、そこには大きく「ハローワーク」と書かれています。あ、そうか、この運転手さんにとっては、ここはハローワークであって、職業安定所という呼称は知らないんだなあ。

「運転手さん、あのね、ハローワークは昔、公共職業安定所っていう名前でね……」

私が説明すると、彼女は「あ、そうですか。ありがとうございます。勉強になりました。お客様は物知りでいらっしゃいますね」とルームミラー越しにほほえんだので、私はとても面映ゆい気持ちで笑い返しました。

フィルムケース

正月、暮れにできなかった自分のオフィスの大掃除をしていたら、机の中からフィルムケースが20個ほど出てきました。多分10年以上机に入っていたものです。昔は小さな電池が多くて、サンプルを送ったりするときにフィルムケースはとても重宝でした。が、今やわが社が取り扱う電池も大型となり、フィルムケースに入るようなかわいらしいサイズの電池はもうあまりありません。私は思い切って全部捨てることにして、空箱に入れて自室の前に置いておいたところ、20代の女性社員が「これ何ですか？　きれいですね」と。

「それはフィルムケースだよ」

「フィルム？　何のフィルムですか？」

「え、カメラのフィルムだよ」

「カメラのフィルム、ですか？」彼女は小首をかしげてこちらを見ています。

カメラにフィルムを入れなくなってどのぐらい経ったのか……しかし、フィルムをカメラに入れることを知らない世代がこうやって社会人になって目の前にいるのは、現実感がなく、何とも不思議な気分です。

「少しもらってもいいですか」

「捨てようと思っていたんだ。全部持っていっていいよ」

「わーい、ありがとうございます」

「何に使うの？」と聞いたら、ビーズを入れるんだそうです。高校生の頃の同級生の女子生徒が同じことをしていたのを思い出して、ちょっと懐かしい気持ちになりました。銀塩フィルムとカメラについて説明しておこうと思いましたが、彼女はかかってきた電話に応対し始めたので、それっきりになってしまいました。いつか説明しなくちゃいけないと思っています。

急須

取引先の幹部の父上が90代で亡くなり、弔電を送りました。すると故人が静岡のご出身だということで香典返しにお茶を一袋いただきました。

しばらくして、ある展示会でその幹部氏にお目にかかる機会がありましたのでお悔やみとお礼を申し上げました。

「この度はどうも……それから、結構なお茶をいただきましてありがとうございます」

私も妻もお茶が好きで毎朝欠かしません。いただいたのはお世辞でなくおいしいお茶でしたので、私は心からお礼を申し上げたのですが、彼は「あ、初めてお礼を言っていただいたよ。うれしいなあ」とおっしゃいます。

「香典返しは斎場のカタログからボクが選んだんだけど、もう家内にも子供たちにもボロクソに言われているのよ。なんでお茶っ葉なんか選んだんだって」

私がキョトンとしていると、幹部氏はなぞなぞの答えのような言い方で「今ね、急須がある家ってすごく少ないんだって」とおっしゃいます。続けて「ちょうど親戚中が集まっていたから高校生の甥っ子に『お前の家に急須あるか』って聞いたら『キュウスって何?』って。ヤツの本家は静岡だぜ」


……ということがあった翌週、ある取引先で茶托(ちゃたく)にのった陶器の茶碗でお茶を出していただいた(ちなみにわが社は紙コップです)ので、出してくれた女性に「ちゃんと淹れていただいたお茶ですね。おいしいです」と言ったら「実はティーバッグなんですよ」とちょっと恥ずかしそうに答えます。すると目の前に座っていた取引先の20代(と思われる)男性社員が「え、お茶ってティーバッグ以外の淹れ方があるんですか」と真顔で上司の方に聞きます。

「ちゃんとだったら急須で淹れるんだよね」

「キュウス……ですか」

「あれ、君の家には急須ないの？　そもそも急須って知らない、とか？」

「キュウス、ですよね。知っていますよ。バンジ……のアレですよね」

バンジ、急須？　……「万事休す」かぁ。爆笑。


……ところで、あの時の車中での「八重洲とかと同じで……」が気になったので調べたところ、「八重洲」は、江戸時代に徳川家康に仕えたオランダ人のヤン・ヨーステンという人物名が由来の地名だということです。私は「八重の桜」のお八重さんあたりが関係あるのかなとぼんやり思っていましたが、しょっちゅう使う言葉なのに迂闊（うかつ）なものです。

でも逆に、あのタクシードライバーの女性は、江戸にさかのぼる「八重洲」の由来はちゃんと知っていて、われわれにとっては常識ともいえる「職安通り」のそれは知らなかった。今はスマホをひと撫ですればすぐに正解にたどり着ける時代、人にものを聞くときにちょっと躊躇することが多くなりました。なのに、会話の中で無邪気に自然に「職安通りって面白い名前ですよね」と問いかけてくれた人懐こさがとてもかわいらしく、そしてどこかツンと懐かしく思えて印象的でした。夕方の新宿通りでタクシーを止める時、また彼女だったらいいなと思うことがあります。

2024年7月1日

26 〈ぬかみそ〉

突然ですが、皆さんはぬか漬けを召し上がりますか？　都会に住んでいると家にぬか床がある家は少ないと思いますが、好きな方は好きですよね。朝晩冷え込んでくる時期には「アンド日本酒」でいただくのは最高です。

古典落語の「酢豆腐」の前半に、町内の若いもんの一人が寄り合いで、ぬか床からぬか漬けを取り出してくれと集まった若者たちに頼むくだりがあります。頼まれた方は「ぬかみそかき回すなんざぁ、いい若えもんのやることじゃねえや」とか「親の遺言でそれだけは勘弁してくれ」とか言って、誰もやろうとしません。江戸時代のお話ですからゴム手袋もありませんし、爪のあいだに入ったぬかみそはしばらくクサかったでしょうから、「町(チョー)内(ネー)の女の子にモテねえや」てなことになったのでしょう。でも、それでもぬか漬けは食べたい。どうにかして誰かに取り出させようとするところにこの話のおかしさがあります。
　ぬか漬けは、ぬか床を毎日かき回してやらないと腐ってしまう面倒くさいやつでもあります。おいしいぬか漬けが食卓に出てくるためには、誰かが毎日手を突っ込んで手入れをしているわけで、袋詰めでない本物をいただくときは、そういうご苦労に感謝しないといけませんね。最近知り合った老舗のうなぎ屋さんに聞いたのですが、店に来たらまずぬか床をかき回すのだそうです。うなぎは調理に時間がかかる。お待たせのあいだをつないでくれるぬか漬けはとても大切。お盆や正月などの休みには、ぬか当番がそのためだけに出勤して世話を焼く。ですから、うなぎが到着する前の一皿は心していただかないといけません。

　閑話休題、このトシになると、かつての仕事仲間もどんどん周りからいなくなります。完全リタイアして田舎暮らししたり、どこかの顧問になったり、ときには亡くなってしまったり……ですから油断していると連絡が取れる知り合いが日に日に減っていきます。若い方だって転職されたり、部署を異動になったり、起業して独立されたり……何かを頼みたくなって電話やメールをしたら、その方はもうその会社にはいなかった、という経験、ありませんか？　その人にでなければ頼めないことがあって、思わず天を仰いだ方もいると思います。私も何度も痛恨を味わいました。

だから最近、私は誰かと疎遠になりかけると焦ります。ネットや新聞でちょうどいい話題を見つけられると喜んで「これを読んであなたを思い出しました」というメールを送るのですが、ちょうどいい記事を見つけられることはまれ。そういうネタがないまま突然メールを送ると、不自然といぶかられるのではないか、物欲しそうに見えないか、と気になり結局疎遠が進んでいってしまいます。年賀状という1年の疎遠をチャラにできるリーサルウェポンがあるのですが、最近は「SDGsの観点から葉書での年賀状をお断りして」いる企業もあり、かえってご迷惑になったりもしますし。でも、「あの人は顔が広い」とか「人脈がすごい」などと言われる、実に人間関係の維持が上手な方がいますよね。そういう方はどのようにつながりをメンテナンスしているのでしょう。

まだ三洋電機があった頃、神戸三宮から淡路島の洲本に向かうバスの中のお話です。このバスは概ねいつもガラガラで、一度高速道に入るとほとんど停車しません。その日も乗客は私と、二人のビジネスマンだけでした。彼らは上司と部下の関係のようで、片方が片方に敬語で話をしています。彼らは私の3席ぐらい後ろに座っていて、部下の声は甲高く、上司はジャリジャリのダミ声で、話の内容が100％聞こえてきます。部下が上司に何かの報告を話し終えました。

「……オーケーや。その件進めてくれてええよ」

「ありがとうございます。やっときます……あれ、部長、何始めたんスか」

「あ、オレ、明日ぬかみそをかき回すのよ」

「え、なんスか？」

(以下、部長さんの台詞の続き。コテコテの関西弁だと思って読み進めてください)

「……明日、電話する人を書き出しているんだよ。月に1回、日を決めて、最近話ができていない人に電話をするの。前の社長の時代には『ぬかみその日』というのがあって、毎月1回1時間、ごぶさたしている方に電話をすることにしていたんだよ。お客さんでも、仕入れ先でも、転勤された先輩でもいい。『お顔が遠くならんよう』『大事なぬかみそが腐らんよう』に。先方さんも慣れてくると『あ、いつものぬかみそ電話ですね』と言ってくれるようになってね。携帯電話時代になってどこからでも電話できるようになって、社長も替わって『ぬかみその時間』はなくなってしまったけれど、自分は今でも個人的にぬかみそタイムを作っているんだよ」

人とのつながりをぬかみそにたとえて「お顔が遠くならんよう」、月一回「ぬかみそをかき回す」ことを課した先代の社長さんの知恵に、私は内心「これだ！」と思いました。しかし、私がこのアイディアを真似させてもらうことは、ついにありませんでした。

〝ぬかみそデー〟を決めて、手帳に電話する相手を書き留めることを一度だけ試してみたのですが、いざその日が来ると「不自然ではないか」「物欲しそうではないか」「なぜ今日なのか」と手が止まります。見栄っ張りな私には、あの部長さんのように素直にぬかみそ電話をすることができない。自分の仕事は御用聞きじゃないし、とか、このトシになって、とか「しない言い訳」ばかり思いついてしまいます。

まあ、知り合ったすべての方とつながっていることは無理だしなあ、などと無理に自分と折り合いをつけていましたが、そのたびにあのバスの中の会話を思い出して少し苦い気持ちになります。日本中にこの「ぬかみそ電話」が広まって「すみません、ご無沙汰なのでぬかみそ電話です」というだけで分かってもらえるようになるといいのに……ま、しょうがない、SDGsはちょっと横に置いて、今年も年賀状を書こう。

土用の丑の日だと混むから、と、数日前に伺った件（くだん）のうなぎ屋さんでぬか漬けをいただきながら、こんなことを考えていました。

2022年10月17日

第四章　中小企業のオヤジにも言わせてください……社会問題など

27

〈何を読まされているのか〉

以前は、新聞の主要6紙のうちどれをとっているかで、その方の考え方がだいたい分かると言われていました。リベラルな記事が好きな方は朝日・毎日・東京新聞、保守層は読売・産経新聞の記事が読みやすいのでしょう（日経については後述します）。スポーツ新聞も阪神ファンはデイリー、巨人ファンは報知と決まっています。

ところが、今、「紙の新聞」をとっている家庭が非常に少ない。ニュースはもっぱらスマホ。そうするとニュースの見出しで読みたいニュースを拾い出して読むことになりますが、見出しだけ見ても、その記事が何新聞の記事なのか分かりません。それどころかネットニュースには新聞だけでなく大小さまざまなメディアの記事も同列に掲載されるので、記事を開いて出典を確認してもそのメディアのポジションが分からないことも多い。

「紙の新聞」では、当たり前ですが読んでいる時点で何新聞を読んでいるのか分かっているわけですから、たとえば国会論戦の記事を朝日新聞で読んでいるなら野党側に寄っているだろうし、産経新聞なら多分与党側だろうから、読者がそれぞれのニュアンスを割引き・割増しして理解を調整することができるわけです。しかし、私もスマホニュースには毎日お世話になっているのですが、その記事を誰がどんな立場で書いたものなのか、結局分からないということもよくあります。これだとどこまで客観的な記事なのかの判断ができません。

さらに私が危険だと思うのは、スマホのニュースは（多分）ＡＩが判断して「私が興味を持ちそうな」「読みたそうな」情報を重点的にリストしてくることです。試しに、今、私のスマホでニュースを見てみると、サッカーワールドカップの日本チームへの賞賛と、旧統一教会糾弾のニュースが非常に多い。日本チームへの批判的な記事とか、旧統一教会擁護の記事は見当たりません。そしてそれはそんなニュースが本当にないのか、それとも私のスマホでは（私のスマホだから）見られないのか……それを確認する方法はあるのでしょうか。

それに対して「紙の新聞」は、印刷物ですので私が「読みたそうな」記事ばかりではありません。私が読みたくないような記事……戦争の残虐行為の描写とか、わが愛するベイスターズが逆転負けしたとか……も同一紙面ですから、読みたくなくても見出しが目に入ってしまいます。が、だからこそ「世の中お前さんの希望通りにはならないよ」ということが日々分からされているのです。スマホニュースはあなたに忖度（？）していますから、毎日それからだけ情報を得るような生活を長く続けるのは非常に危険だと思います。

もう一つ、スマホニュースが危ないと思うのは、その情報がタダだと言うことです。対価を払っていないからその情報がウソであっても腹が立たない。……実は腹が立って文句を言っても「タダじゃないか」と開き直られてオシマイだということが分かっているから腹を「立てない」。ウソに腹を立てないことに慣れるのは恐ろしいことです。

では、おカネを払って読む「紙の新聞」の情報はスマホに比べて信用できるのか？　長年お付き合いさせていただいている総合商社の元幹部氏に、こんな話を聞きました。

彼が上海の支店長をしていた頃、日本経済新聞の取材を受けたのですが、記者氏は「中国経済はバブル崩壊前夜であり、あちこちに兆候が見られるようになりました。支店長も同意していただけますよね」という話を何度もする。しかし彼はそう思っていない。足下も堅調であり、当時はバブル崩壊の兆候など見たこともない。実は記者氏はすでに「こういう記事が書きたい」というスタンスが明白であり、取材に来たのは「総合商社〇〇の上海支店長談」というお墨付きが欲しいから。しかし支店長は決して同調的なことは言わなかったので、記者氏は断念したようだった……。記者氏もサラリーマンですので、会社に認められ、新聞が売れる記事を書かないといけない。新聞を売るには多少の誇張やセンセーショナリズムも必要なのでしょう。同じ日の別の試合でベイスターズの今永がノーヒットノーランを達成しても、デイリーの一面トップは「青柳ヒヤヒヤ3勝目！」、報知は「中田激走！」……夕刊フジが「〇〇議員逮捕」の下に小さな字で「の可能性」と付け加えることと、本質的に違わないような気がします。いろんな情報の中で「〇月〇日付日経」というクレジットを見ると、何か非常に客観性の高い情報と思いがちですが、彼らも新聞を売らなければならない一企業であるということを分かっておかなければなりません。

情報はあふれています。ある意味「読んでいる」のではなく「読まされている」情報も多い。その情報をどこまで信じることができるか、結局は自分がジャッジしなければならないのだと私は思っています。たとえば「政府、2035年までにガソリン車販売を禁止する意向」というニュースがありました。ニュースそのものは本当です。が、実現するでしょうか？　全国のガソリンスタンドは閉店準備をしなければならないのでしょうか？

電池業界にいる私は（原料レベルから電池不足であることを知っているので）絶対実現

できないと思っています。2035年、激減したガソリンスタンドに大行列ができるのではないかと思っています。皆さんはどのようにお考えでしょうか。

2022年12月28日

28

〈5兆円〉

この連載を始めるときに「できるだけ政治的な発言はやめよう」と思っていたのですが、今回はちょっとした政権批判みたいになっちゃうかもしれません。ひとり4万円の減税（定額減税）って何なんでしょうね。皆さん、賛成ですか？　予算規模は5兆円ですってよ。今年の国家予算は107・6兆円。実にその4・6％です。

テレビでも、多数のコメンテーターの方が批判的なようです。そのポイントは、

①選挙前のバラマキではないのか。

②ＩＴ後進国の日本がこんなことして、またたくさんおカネを使ってとんでもないミスを繰り返すのではないか。システムエラーで「減税されなかった人」「減税されすぎた人」があとでぞろぞろ出てくるのではないか。
③そもそも「税収増分の国民への還元」とは何か。日本の税収―歳出バランスはずっと赤字であり、「還元」できるような財政状態ではない。

特に③に関して、政府は「史上最高の税収だから」という言葉を持ち出しているようですが、その前年にコロナ対策で史上空前の支出をしており、それと比べたら「還元」とか言っている場合ではないと思います。

そもそも「史上最高の税収」には、円安で利益を上げた輸出型の企業の法人税が貢献したものと思われ、それを原資に円安が要因の物価高対策に充てるって完全にマッチポンプ。おおもとの円安に対策を打たなければなりません。

さあ、ここまで大議論を振りかざして「一介の老営業マン」はどこに行くのでしょう。中小企業のオヤジのブンザイで円安対策なんて語れるのでしょうか？……それはそうなんですが、まあ、聞いてください。

歴史上、通貨が安くなった国（まさに今の日本）の貿易収支は急速に回復して、通貨安は解消に向かうことになっています。自国通貨が安くなれば輸出がしやすくなるから。今の円安は日本と諸外国の金利差が原因だから（日本で金利を上げると企業がつぶれてしまう）どうしようもないよね……という思考停止ではいけません。円安をアドバンテージにガンガン輸出すれば、多少金利を上げてもそれを貿易収益で賄えるはずです。

問題は、今の日本には輸出するものがない、ということのほうです。

かつて、日本は半導体の、液晶パネルの、自動車の、家電製品の、そして二次電池の輸出で独走していました。今、若い読者には信じられないかもしれませんが、日本が強すぎて欧米と深刻な摩擦になったことさえあったのです。その頃日本は空前の円高となり、輸出型企業は利益を出すのが難しい状態でしたが、今と比べれば「作ろう」「売ろう」という活気がありました。製造する企業・設備が国内にあったから。

今、半導体以下はすべて壊滅的に日本の国際的占有率が激減、頑張っている自動車も海外生産が多いため、この「輸出の大チャンス」に輸出できるものがない。空前の通貨安なのに、貿易収支が大幅マイナスである歴史上極めて珍しいケースになるかもしれません。いや、すでになっているのでしょう。二次電池も「売る国」から「買う国」になってしまいました。

「政治とは、どこから（税金を）取って、どこに使うかである」と言いますが、今の日本の場合「どこに使うか」がかなりおかしい。一人たった4万円（1年にですよ）の減税に5兆円使うのではなく、そのおカネを輸出できる産業創りに使うべきでしょう。ただ、ここまで経済環境を悪化させてしまったのだから、すぐに効果は出ません。3年・5年・10年計画であるべきです。収穫できるのは次の次か、その次ぐらいの総理大臣の時代になるでしょうね。今の総理大臣にははなはだ不本意かもしれませんが、それは巡り合わせです。どうしようもないのです。だから、次の選挙の対策にその5兆円を使ってはいけない……と、中小企業のオヤジは思うのです。こっちはその頃墓の下かもしれませんが、だから今さえ良ければいいんだと考えるのはトシヨリの不見識。将来のために何かしなくちゃダメなんです。

「新規案件」という言葉があります。営業の世界では光り輝くワードです。でも、この言葉を聞く日本人ビジネスパーソンの受け止め方は変わってしまいました。新規案件が発生すると、需要家は「中国にはそういう製品がすでにあるかもしれない。あれば求めるものとちょっと違っても、開発費をかけずに輸入すれば安く済む」と考え、生産者は「言っておくけどウチは高いよ。中国とは価格競争しないからね」といまだに（この円安環境下でも）言い放ちます。中国とは価格競争だけでなく、品質でも負けちゃっているケースもたくさんあるのに。われわれ事業者も、もうそろそろマインドセットを挑戦者仕様に変えないといけません。

この40年、私は韓中台に浸食され続けた日本の二次電池業界を見続けてきました。この間、海外勢は上手におカネを使って電池産業を振興させました。一方、今、このEV時代に日本製の電池を積んだEVは、世界規模で見ればほとんどありません。

2010年、殿様商売の挙句に行き詰まった日本航空に、政府は3500億円の公的資金の融資を行いましたが、同時期に経営破綻した三洋電機には何もしませんでした。三洋が健全に残っていれば、今日の二次電池の国際占有率は変わっていたかもしれません。日本は、それからたった10年後のＥＶ需要の爆発的増加を見通せなかったのです。金の卵を持っていたのに温めなかったのです。リチウムイオン電池の発明者の吉野昭氏がノーベル賞を受賞したのは、皮肉なことに韓中台との勝敗がほぼ決してしまっていた２０１９年のことでした。氏の発明は「世界」に貢献しましたが、日本はその功績を産業で生かせなかった。傍観者的な書き方になっていますが、私にとっても痛恨です。忸怩たる思いです。

だから5兆円はバラまかないで、再び輸出ができる国となる原資として使ってほしいのです。私たち事業者の多くは一時的な不労所得を喜びません。一回だけ税金を安くしてもらおうとも思いません。そのお金を使って成長できるプラットフォームを作ってほしいのです。一人当たり年間4万円は大した額ではありませんが、5兆円あれば相当なことができるはずです。日本航空の２０２４年3月期の予想は純利益８００億円、あの３５００億円はすでに完済され、日本を代表する優良企業に立ち戻りました。個人的には、今度こそ二次電池関連の輸出企業育成に多少使っていただきたい。そんなことを思っています。

２０２４年1月9日

【後日談】

皆さんご存じの通り、この「定額減税」はいろいろな反対意見を押し切って6月から実施され、そしてわれわれ事業者は給与明細にそれを明記することを強制されたのでありました。わが社の経理もギリギリまで税理士の先生と打ち合わせをしておりました。

政府はなぜここまで恩着せがましくしなければならなかったのか。それは給与明細に記載しないと減税したことが分からないから……でしょうね。だって、6月分の給料が多かったから何かをしようという話を聞きませんから。

もう一度言わせてください。5兆円、もっといい使い方があったはずです。

29 〈電話の発明〉

「どうして私は電話なんか発明したんだろうね」

電話を発明したグラハム・ベルはこう嘆いたそうです。こちらの都合も考えず突然かかってくる電話への困惑から、ベル自身、自分の書斎に電話を設置することを拒んだとか。本当は、とてもロマンチックな動機で始めた研究……最初、彼は耳の不自由な彼の恋人（後に妻となる）と話をする機器を開発しようとしたのです……だったのに、巨万の富と引き換えに彼はパンドラの箱をあけたがごとき非常識人として扱われることになります。曰く「人類は今まで何千年も不便を感じなかったのに、遠くの人と会話ができるようになる必要があったのか？」

ところで、狭き門を突破して念願のテレビ局に入社できた若者が、かなりの割合で1年目に退職してしまうのだそうです。理由はやっぱり電話。彼らは誰からの電話か分からない電話にとりあえず出るという免疫がなく、番組ごとに割り当てられる部屋に置かれたプッシュホンの受話器を取り上げるのが何しろストレス。決死の思いで受話器を耳に当てた瞬間「あのさあ、〇〇いるぅ？　いないの？　しょうがねえなあ。じゃ言っといてよ……」とやられると完全にパニック。メモを取るのも忘れ「あの、〇〇さん、さっきお電話がありまして」「誰から？」「分かんないです」「使えないなあ。学校で何を習ってきたの」みたいなことが毎年繰り返されるとか。

この時代、若者は着信相手が表示され、相手の電話番号や通話時間の記録も残るスマホでしか話をしたことがないのです。

彼らの感じるストレスは「甘ったれるんじゃないよ」と言って笑えるようなものではなく、せっかく入った会社（それもあこがれの放送局）を辞める理由にも十分なりうるほどなのです。あきれているだけではダメで、そういう「人」が電話の向こうにいることをわれわれオトナも認識しないといけませんね。

思えば、われわれの年代は電話で鍛えられてきました。

１９８０年代、オフィスの電話がダイヤル式からピカピカのプッシュホンに交換された時、※00から※19まで20個の短縮ダイヤル機能がついていて、みんな自席の電話機によくかける電話番号を登録していたのですが（テレビコマーシャルもありました……「長い電話番号を覚えなくても、プッシュホンならピッポッパッ」）わが営業部長氏は大反対。部下に短縮ダイヤルの登録を禁止しました。曰く「お前ら、得意先の電話番号ぐらい暗記していなくてどうするんだ？　外で公衆電話からかけなきゃいけないとき困るだろう。オレなんか指が覚えているんだぞ」と体育会系指令。上司に逆らえない時代でしたから、せっかくプッシュホンになったのに市外局番からの長ーい番号をボールペンのお尻で押していました。だから、よく間違い電話をかけていましたよ。「ピッポッパッ」ならしなくていいミスなのに。

それにしても「電話機に電話番号を覚えさせてはいけない」って、今のスマホ世代から見たら正気の沙汰ではないでしょうね。

電話に鍛えられたと言えば、やはり携帯電話のない時代、ガールフレンドの家に電話をかけるときのことを思い出さないわけにはいきません。何度も一人でリハーサルをしてからかけるのですが、相手の第一声が男の声だとやはり声が裏返ってしまいます。もしもし、ボ、ボク、タナカアキラと申しますが、○○さん、いら、いらっしゃいますか？

若い皆さんに説明しておきますが、当時電話は廊下とか玄関とか、なにしろ居間でない場所に設置されているのがふつうで、それは一応通話内容が家族に聞こえない配慮からそうであったのだと思いますが、日本の住宅のことですからふつうに話せば大体が聞こえてしまいます。だから彼女の声は小さくなり「今度の日曜日だけど、会える？」「……よ」「え？」「……だってば」「今、何て？」「だから……」こっちはおふくろに聞かれるのが嫌で公衆電話からかけています。道路っぱただからかなりうるさい。まだるっこしいやりとりが続き、そのうち彼女のお母さんが「いつまで電話しているの？」と言っている声が後ろで聞こえたりして……。

でも、そうやってようやくデートにこぎつけたのですから、待ち合わせ場所に彼女が来た時は、それだけでうれしかったものです。時には、来るだろう方向に向いて背伸びして待っていると、いたずらな彼女に背中からワッとやられて飛び上がったりもして、そういうのも、鮮明に覚えています。

で、現代です。LINE 1本で目指す相手に直通。お父さんお母さんに聞かれることもありません。彼女が待ち合わせ場所になかなか来なくてもスマホを取り出して「今どこ？」ワクワク感がないことおびただしい。私は、これが現代の非婚率増加と関係があるとニランでいますが考えすぎでしょうか？　だって、電話の機能が便利になりすぎて「愛をささやく」ということがなくなっていますもの。

先日もテレビを見ていたら、若いカップルが並んで海辺で夕焼けを見ていて……夕日に照らされた彼がスマホを取り出し操作すると、彼女に「好き」と着信……すると彼女が2メートル横の彼に返信……「わたしも」。

おい、お前ら、しゃべらんかい!!

こうなるとキスのきっかけまで心配になりますが、これなんか発明者が考えもしなかった弊害（?）かもしれません。発明のきっかけはとてもロマンチックだったのに……何はともあれ、電話の発明が文明の飛躍的発展に大きく貢献したことは間違いなく、私ども電池業界も莫大な恩恵を受けました。

しかし、一方で電話に嫌悪感を持つ方もおられます。特殊詐欺の被害者の方などは「電話というものさえなければ」と思うでしょう。正しく使ってこその大発明なのですが。

ただ、電話害悪論は今に始まったことではなく、発明からたった16年後の１８９０年にはマーク・トウェインが新聞社に「クリスマスに何を願うか」と問われてこう答えています。

「クリスマスの私の願いと望みは、みんながいずれ天国に集い、永遠の安らぎと平和と至福を手にすることである。ただし、電話の発明者をのぞいて」

まだ存命だったグラハム・ベルは何を思ったでしょうか。

（文中のグラハム・ベルとマーク・トウェインのエピソードは、真山知幸著『あの偉人は、人生の壁をどう乗り越えてきたのか』ＰＨＰ研究所刊を参考にさせていただきました）

２０２４年８月15日

30 〈振込手数料〉

ビジネスとは基本、売り手と買い手がいないと成立しないわけです。日本には上り坂と下り坂でどちらが多いか、という子供のなぞなぞがありますが、それと同じように世の中の売り手と買い手は同数であると考えるべきでしょう。一つのお店で１０００人に何かを販売する場合でも、一つ一つが取引だと考えればお店は１０００回売り手になったということです。

では、どちらが強いのでしょう？　年末のアメ横みたいに大量に商品が山積みされて、どう見てもお客さんより商品が何倍も多い場合や、旧式の電化製品の一掃セールの場合は買い手が強い。しかし、本日発売の人気ゲームには皆さん早朝から並ぶし、２０２０年の一時期、東京ではトイレットペーパーが（デマにより）超品薄になって、こういう場合は売り手の方が圧倒的に強い。そう、需要と供給の関係です。封建時代じゃあるまいし、今どき買い手の方が売り手より強いと考えているビジネスマンはいないですよね。

では、振込手数料はどう説明しますか？ そもそも、あなたはあなたの会社が仕入れ先への支払いから毎月「振込手数料」という名目で数百円差し引いていることを知っていますか？

２０１０年、日本法人フューロジック株式会社を作って最初の取引が成立し、最初に戸惑ったのがこれでした。ウチは１００万円分の商品を納入して不良品があったなどと聞いていないのに、翌月末に振り込まれた金額は99万９２６５円。何、これ。

私はその前年までアメリカで仕事をしていました（それも21年間。だから浦島太郎状態でした）ので、なぜ７３５円が差し引かれていたのかまったく分かりませんでした。お客さんに問い合わせて仕入担当者が（この人も自分の会社が７３５円差し引いていることを知りませんでした）経理に聞いてくれて、ようやく日本の商取引では買い手が振込手数料を支払金額から差し引いてもいいという「習慣」があることを知りました。私はちょっと怒りました。が、先方さんは「そういうものだから」と。交渉しようにももう商品は納品してしまっているので値付けを変えることもできません。そういうもの、と飼い慣らされていくしかないのです。

私は、これは「日本では何となく買い手が売り手よりも強いと思い込まれている証拠」だと思っています。だって自社の社員に給料を振り込むときは手数料を差し引かないんでしょう？　なるほど、毎月末にこちらから交通費を払って集金に行くことを考えれば、買い手の方から振り込むんだから手数料を差し引くのは当たり前という方もいるかもしれませんが、それは前時代的ですよね。中には、お客さんのミスで１００万円を送るところ80万円しか送ってこなかったとき、80万円からも、数日遅れていただいた20万円からも、2回振込手数料を差し引いてきたというケースもありました。

なーに、振込手数料ぐらいにそんなにとんがることないじゃん、という方もいるかもしれませんね。「お宅の会社も取引先への支払いから手数料を差し引けば行って来いでしょ、こういうことを『天下の廻りもの』って言うんじゃないの？」と。

でもね、当時私は一人で会社を切り盛りしていましたので会計帳簿入力も自分でしていました。そうすると「売上100万円」で入力して、その次に「支払手数料735円」と入力しなければならない。そして会社によって差し引いてくる手数料はまちまち（私の経験では最低21円から840円まで10段階ぐらいあります）なので、いちいち電卓で計算して入力しなければならない。3倍時間がかかります。こちらからの支払いの場合も手数料を差し引けば同じように入力に時間がかかります。今や弊社でもこれが毎月20社も30社もあるのです。ですので、創業以来わが社からの支払いは一切振込手数料を差し引きません。「当然の習慣」よりも「帳簿入力の時間削減」をとったのです。こちらサイドの時間だけでなく、仕入れ先さんのサイドの作業時間も、です。日本中の会社がこの「当然の習慣」を撤廃したらどれだけの経理事務工数が削減できるでしょうか？

いかに日本のビジネスマンが一方的に「買い手のほうが強い」と思いがちであるか、というエピソードをもう一つ。最近、仲良くしてもらっている総合商社の資源を取り扱う幹部からこんな話を聞きました。この空前のＥＶ（電気自動車）需要の爆発的拡大で、電池メーカーも自動車メーカーもリチウムイオン電池の原料確保が重要命題です。水酸化リチウム、コバルト、ニッケル、銅……当然総合商社にも旺盛な引き合いがあります。商談に臨むと「この資源不足の世の中であいつら（電池メーカー・自動車メーカー）いまだに数の原理で来る。大量に買うから安くしろ、と。何を言っているんだろ、大量に欲しいなら価格にはプレミアムがつく。資源の世界では常識だよ」

これを単に商社マンのボヤキと切り捨てられないのは、中国など海外のバイヤーはそうしたスタンスではないということなのです。彼らは6か月、12か月の長期コミットのPO（発注書）を出すだけでなく、その期間中に価格が上がってもとりあえず交渉の席にはつく。6か月前のPOの発注価格にこだわらず調達優先で考えると言うことです。

もちろんこれには国際相場の上昇などのロジカルな理由が必要ですが、POの発注単価に最後まで拘泥する日本企業にはないフレキシブルなビジネスマインドですね。何より彼の話で私が危機を感じたのは「だったら中国に売りに行く。PO上の発注価格にこだわる日本企業を相手にすることは、その後の相場上昇などのリスクをすべてこっちが引き受けることになるのだから」という発言です。

ガンバレ、ニッポンのビジネスマン。売り手と買い手の立場の強さは需要と供給、局面局面で変わります。当たり前のことです。それでは6か月先の原価計算ができないではないか……というのはアナタの仕事を簡単にしておきたいという論理、わがままというものです。仕入れ先とのフラットな関係を築く第一歩として、来月から振込手数料を差し引くのをやめてみませんか？

2022年5月2日

31
〈ビッグマック指数　1〉

1988年、私は勤務していた企業のアメリカ駐在員としてニュージャージー州の現地法人に派遣されました。31歳でした。

このとき、その現地法人は大赤字状態で、新たに人員を増やせるような財務状態ではなかったにもかかわらず、日本側の事情で私は赴任したのでした。

日本人2人とアメリカ人8人ほどで毎月膨らむ赤字を止められずにいたところに送り込まれてきた私は、疫病神以外の何者でもありません。何しろ、当時私が勤務していた企業の日本本社は恐ろしく封建的で、本社から仕入れた商品代金の対価は「円換算されたドル払い」であり、当時の猛烈な円高（1985年5月末に1ドル＝251・78円だったものが3年後の1988年5月には124・80円まで高騰）でアメリカ現地法人は売っても売っても赤字。現法の経営は青息吐息です。

そこに、頼んでもいないのに送り込まれてきた（仕事レベルでは）英語力ゼロの日本人にはとにかくカネがかかる。通勤に必要な車は会社が支給しなければならない（当時、会社貸与のクルマ……カンパニーカーは企業上層部のエリートだけのものでした）し、アパート探しも一人で行けないし、なにしろ当時の日本円の給料をドルで換算した給料は現地人社員のレベルとはかけ離れたものでした。つまり、まったく戦力にならない若造にアメリカ現地法人は相当な費用をかけなくてはならない、クビにもできない、送り返すこともできない、という状況です。

で、送り込まれた当人はと言うと、ゴルフを始めようとか、マンハッタンに飲みに行こうとか、太平楽なものです。5番街に行けばブランドショップには日本からの女子大生が闊歩しブランドものを買いあさる一方で、日本では大企業の工場長が円高を苦に飛び降り自殺したりした頃です。アメリカに引っ越した私にとっては、スーパーで買い物しても何でも安い。ゴルフのプレイフィーもステーキも韓国料理も、円換算すれば恐ろしく安い。マンハッタンの日本の女の子のいるクラブに行くと、金融機関や商社の駐在員でギュウギユウでした。円高は企業の国際競争力をそぐとか何とか言いながら円高を享受していたのです。

……あれから34年、ここ数年はアメリカどころかコロナ禍で日本国内にいざるを得ない。そんな中、アメリカ時代に知り合いになった総合商社幹部の方と食事をする機会があり、こんな話を伺いました。

「今、駐在しているヤツはかわいそうだよね。昼飯でもマンハッタン島内であれば安くても20ドル。円換算したら気が狂いそうだから弁当持ってくるやつが多いって。田中さんや俺たちがいた頃とは違っちゃっているんだよ」

私が永住帰国したのが２００９年で、そのときまで「違っちゃっている」とは思わなかったので、ここ10年ちょっとのあいだに日本は相対的に貧しくなったと思わざるを得ません。急激な変化です。

野口悠紀雄著『日本が先進国から脱落する日』（プレジデント社）に面白い指標が紹介されています。アメリカで買うビッグマックの価格を１００としてその国での販売価格が米ドル換算でいくらになったか、というもので「ビッグマック指数」と呼ばれる……私は不勉強で知りませんでしたが、１９８６年に考案された経済指標であるとのこと……のだそうです。今、日本のビッグマックは390円。アメリカでは5・65ドルだそうで、野口先生がこの本を執筆されていた2021年6月時点の為替レート1ドル＝110円で計算すると、日本のビッグマック指数は▲37・2（62・8％）。今、アメリカ人が東京に来てビッグマックを買うと、メチャクチャ安い！　と感じるわけですね。この指数は世界中57か国で調査されていて、同年6月の時点で日本は31位、日本より上位にはアメリカよりも指数が高いスイス、ノルウェー、スウェーデンのほか、アメリカよりは安いが日本よりは高い国として韓国、アルゼンチン、タイ、パキスタン、サウジアラビアがあるんだそうです。パキスタン人さえ日本のビッグマックは安いと感じる!?……さらに私がこの原稿を書いている2022年3月のレート（＝121円）で計算すると▲43（57％）です。おそらく中国よりも下位になっているらしい……。コロナ前、中国人観光客が大勢「爆買い」に来てくれたのは、日本はおもてなし上手で治安が良くて清潔で……以外の理由も見えてきませんか？

私がアメリカ生活を始めた1988年のビッグマック指数は＋25程度だと思われますので、34年間で68ポイントも下落したことになります。なるほど、私がアメリカ生活を始めた頃は円高メリットを享受できたわけです。今、問題はビッグマックだけでなく、日本の国としての購買力が円安によって失われてしまったということでしょう。この4月からいろいろなものが値上げされますよね。これは急激な円安と無関係ではありません。ではなぜ円安になってしまったか……は次回考えてみることにします。

2022年4月6日

32
〈ビッグマック指数　2〉

前回、この34年間で「ビッグマック指数」は68ポイント下がってしまい、今やアメリカだけでなくいろいろな国から見て日本のビッグマックは驚くほど安くなった、というお話をしました。つまり日本円で何かを買おうとすると、ほかの通貨よりも相対的に負担が大きいと言うことで、これは10年前には感じなかったことです。

前回も引用させていただいた野口悠紀雄著『日本が先進国から脱落する日』（プレジデ

ント社）によると、この円安は「①日本政府が意図的に続けてきた」ことと「②企業がそれに安住し技術開発を重視しなかった」ことが原因であるということです。どういうことでしょうか？

私はここで一つ反省をしなければなりません。

以下は２０１３年２月に私が配信したメルマガで、タイトルは『「アベノミクス」と「バッテリージャパン」』。この中で私は２０１１年に出版された財部誠一氏の『パナソニックはサムスンに勝てるか』（ＰＨＰ出版）から「……リーマンショックの前年の２００7年1月、円レートは1ドル＝１２０円、韓国ウォンは1ドル＝９３７ウォンだった。それがリーマンショック翌年の09年には、円は90円まで上昇、逆にウォンは最大１４５０ウォンまで急落。円は25％の円高、ウォンは54％のウォン安になっている……」と引用し、三洋（当時は独立した企業）やパナソニックなどの日本の電池メーカーはサムスン、ＬＧなどの韓国メーカーに対し、79％の為替ハンデ戦を余儀なくされた……円高に対する政府の無策が日本メーカーの収益を圧迫し、三洋電機を消滅に追い込んだ……と嘆いてみせました。さらにこのメルマガの前年12月に安倍首相が再登板して早々に円安傾向になっていきましたが（日銀の「異次元緩和」が効きました）、私はこれを実に好意的に「アベノミクスと呼ばれる効果が早くも出てきたかもしれません。今こそ韓国勢に対してバッテリージャパンの猛反撃が……」などとはしゃいでいます。

前述の野口先生は「円安は麻薬」だと言います。

そもそも自国通貨の価値が高い（つまり円高）のは国力を反映したもので、海外の製品……日本の場合は特に原油・天然ガス、小麦など食料……を安く買えることは喜ばしいことであるはず。ところが輸出型企業にとって円高は収益のマイナス要因であるので、そうなると税収が減ってしまう政府と利害が一致し、官民合わせて「円安にしろ」という大合唱になります。せっかく国力で勝ち取った有利なポジションである円高のメリットを享受することを放棄したわけです。そして誠に残念ながら私自身もその大合唱に加担していたわけです。10年後に何が起きているかをあまりにも楽観的に見てしまっていた。ついにバッテリージャパンの猛反撃は起きませんでした。

そして話をビッグマック指数に戻すと、なぜ日本では390円なのか、という議論が残っています。それはおそらく、そうでないと売れない、と日本マクドナルドが判断したのでしょう。なぜなら日本人の賃金が安いから。これは私自身びっくりしたのですが、「1

990年から2020年までの30年で、平均的な日本の労働者の賃金はほとんど変わっていないが、韓国の労働者の賃金は2倍になっている」（東洋経済2022年3月7日リチャード・カッツ氏記事）のだそうです。これを知ると日本のビッグマック指数がこれほど低いのも納得できますね。

要するに日本企業は目先の収益を求めて円安という麻薬を選んだのでしょう。「円安になった」↓「企業の収益が好転した」↓「国としては税収が増えた」……で、ここで本当は収益の一部を使って「労働者の賃金が上がった」「研究開発費が増え製品の競争力が高まった」とならなければならなかったのにそうならなかった。そしてさらなる円安を望んだ。なにせ企業努力しなくても収益が上がる。なにせ「麻薬」ですから。

先々を考えないで目先の収益を追う……私にはいつも思い出される原風景的なシーンがあります。それは私がアメリカに駐在に出る直前の1986年頃です。その頃の私の上司は取締役営業部長氏で、なぜか私を「た～なかぁ」と妙なフシをつけて呼ぶ方でした。「た～なかぁ、何か中国で作るものはないかよ?」「何か中国に持っていける案件はない?

た～なかぁ」。当時、その企業には宮城県と中国に工場があり、宮城で作っていた製品を中国に生産移管して利益を増やしたいのが彼の立場。しかしわれわれ営業マンはイヤ。品質も不安だったし、輸送にかかる時間を考えると及び腰になります。それでなくとも日常的にお客さんに納期で怒られていましたから。

しかし、……数年後には大半の製品の生産が中国に移管されてしまいました。あっという間です。その頃、宮城の工場に特急のサンプルを依頼しようとすると、サンプル生産に必要な設備まで中国に送っちゃったからムリ、みたいなことがかなりありました。そして宮城の工場は作るものがなくなり、雇用も維持できなくなりかけ、外注業者さんたちにも迷惑をかけます。一方、中国に生産移管した製品で収益が出たかというとそうではない。ライバルも中国で生産するようになったから値下げ競争です。もと取締役営業部長から宮城工場長になっていた件の元上司から「た～なかぁ、何か宮城で作るものないかぁ」と電話が来るようになりました。

中国で作れば安くなる。なにせ、コスト表の「人件費」の部分は中国生産の場合「誤差の範囲」だから記入しなくていいとまで言われた時代です。こうして私たちは10年後20年後をろくに想像しないで、みんなで「中国生産」という麻薬を飲んだのです。

そして技術は中国に移転され、今「作れない日本」が残りました。「円安誘導」も「中国生産」も企業努力をしないで収益を上げる麻薬でした。その結果が今のビッグマック指数に反映されています。私も経営者として自分の引退後、さらには死後のことまで考えて、目先の収益より大事なものがあることを考えなければならない。そうでなければこのビッグマック指数はいつまでも改善されない、貧しい日本を後世に渡すことになると思います。ビッグマック指数から企業努力の大切さを学ばせてもらいました。

2022年4月18日

【後日談】

改めて申しますが、これは2022年4月に配信したものです。この時の対ドル為替レート121円というのは、今（2024年7月）から考えるとその後の空前の円安の「予兆」にすぎません。まさかそれから2年で160円台に突入するとは……。読み返してみると、私は121円を「底」と感じていたような書きぶりですね。汗顔ものです。ちなみに世界的な統計プラットフォームStatistaの2024年1月の「Big Mac Index」（※）

によると、調査49の国や地域の中で日本はさらに順位を下げ、41位で3・04米ドル（販売価格480円）、一番高いスイス（8・17米ドル）の約3分の1、アメリカ（5・69米ドル）の約半分。なのに「輸出できるものがない」状態は続いており、貿易収支が黒字化する兆しはまったく見えません。国会の最大の争点が政治資金規正法……選良たちの仕事として優先順位が違うと思うのは私だけでしょうか。そして今が「底」であるかどうか分からないことを、彼らは認識しているでしょうか。

（※）https://www.statista.com/statistics/274326/big-mac-index-global-prices-for-a-big-mac/

33 〈深くて暗い河〉

「黒の舟歌」という歌謡曲がありました。いろんな歌手が歌いましたが、私はサングラスがトレードマークだった小説家の野坂昭如バージョンが印象に残っています。歌い出しが

「♪男と女の間には～深くて暗い河がある……」という、ドンヨリしたザ・昭和歌謡です。男と女のあいだの「深くて暗い河」……トシはとりましたが、女性になったことはありませんから女性にはミステリアスな部分は確かに感じます。でも、他にも分かり合いにくい「深くて暗い河」を感じること、皆さんにはありませんか？

たばこを吸う人と吸わない人のあいだの「深くて暗い河」

私はこの「河」の両側を何度も往復しました。トーマス・マンは「禁煙なら1万回はしている。1度や2度の禁煙を自慢するな」と言ったそうですが、私も10回ほど失敗して、結局は禁煙治療をして（薬を飲んで）、13年前ようやく恒久的非喫煙者になりました。意志の力だけではどうにもならない根性なしだったのです。

たばこを吸っていた時代は、一日中たばこを吸うチャンスをうかがっていました。会議のトイレ休憩とか、ちょっとコンビニに行くときとか。喫煙所があればかなり急いでいるときでもとにかく一服。新幹線や飛行機に乗る前は名残惜しくて2本3本。町を歩いていて「今、メールを送ったのですぐに見て」という電話が入ると「シメた！」と喫茶店に飛び込み、まず一服。スターバックスは全店禁煙なので入りません。

ところが、やめてしまったら今度はあのにおいが迷惑です。禁煙治療に頼った根性なしのくせに本当に身勝手ですよね。煙のにおいもそうですが、灰皿に残った吸い殻のにおいがもっとダメ。喫茶店はスターバックスしか入りません。寒い喫煙所で襟を立てながらたばこを吸っている人々に対して感じるチッチャーイ優越感。このあいだまで自分もあの中にいたのに、あきれたような顔して「やめればいいのに」……ってわれながら大きなお世話だと思います。

だから居酒屋で隣の席のたばこの煙が流れてきても、できるだけ我慢するようにしています。喫煙者だった時代、周囲はずいぶん我慢してくれていたと思いますから。でも……長い旅でした。もうこの「河」を渡って引き返すことはないと思います。

65歳……高齢者の「深くて暗い河」

昨年、私もこの「河」を渡り、押しも押されもしない「コーレーシャ」になりました。まず、誕生日の直前に肺炎球菌ワクチンの無料接種券が届いて「アンタ、もうすぐコーレーシャだよ」と自治体から予告されます。それまで自分がコーレーシャになるなんて想像もしていなかったので、ある意味青天の霹靂でしたが、65ラインを超えた途端インフルエンザワクチンの無料接種券が来て、クレジットカード会社から「ＪＲ全線乗車券３割引（いろいろ条件あり）」の手帳が届いて、映画をシニア料金で観て、そのたびに文書や対面で繰り返しコーレーシャであることを念押しされます。コロナが重症化するのも65歳以上……そう聞くと、急に感染しそうな気がしてきます。家には墓石のセールスのＤＭが毎週来て、会社には事業承継・Ｍ＆ＡのＤＭが毎週来ます。その文面にはもれなく「あなたに万が一のことが」というフレーズがあり……「万が一」っておかしくないですか。みんな死ぬんですから「万に万」なのに、めったに起きないことのようにヌルい表現で近づき、何かを買わせよう、させようとしてきます。とにかく、コヤツラは日本中のコーレーシャのリストを持っているのでしょうね。分かったよ！　と叫びたくなるほどです。

それにしても……週３回スポーツジムに行って若いトレーナーにシゴいてもらい、他人よりたくさんお酒を飲んでも元気で仕事をしているのに、65歳を超えたら一律でコーレーシャ。そしてこの「河」は一度渡ってしまったら後戻りできません。これからずーっと死ぬまでコーレーシャです。たばこは自分の意思で「戻らない」と決めたのですが、これはもう「戻れない」。皆さんは「自分には関係ない」「まだまだ先」だと思っているでしょう？　でも、今のうちに一度コーレーシャについて考えたほうがいいですよ。この「河」

は……皆さんの前にもある日、必ず、現れます。フフフ。

技術職と営業職のあいだの「深くて暗い河」

営業職は技術職に対してコンプレックスをもっています。学生時代にキチンと勉強し、知識を身につけた専門職の皆さんに対し、自分は「御用聞き」に過ぎないと感じることも多い。ただ、長くやっていると、技術職の方の本音を聞く機会もあります。

若い頃、打ち合わせで技術者の方に消費電力を尋ねてもスカッと答えてもらえないことがよくありました。営業であるこっちとしては、消費電力が分からないとどういう電池をお勧めしていいのか分からないので、そこで話が終わってしまいます。それだと商売にならないので食い下がっていると、その技術者の上司の方が出てこられて「あまりイジメないでやってください。営業さんは、技術は何でも答えられると思うかもしれませんが、この基板には何百個のデバイスが乗っていて、そのすべてに消費電力の公差があって、上振れ下振れでトータルが大きく変わっちゃうんです。初めて作る製品は、ボクらもできてみないと消費電力をはっきりさせるのが難しいんですよ」と。

彼は続けて「ボクも若いときは電池屋さんに消費電力を聞かれて、しょうがないからヤマカンで答えたら大外れ。今さら消費電力が何十パーセント増えたなんて言えなくなって、結局その電池屋さんには『企画がポシャりました』とウソをついて、別の電池屋さんにイチからお願いしたことがあったなあ」と物騒なことをおっしゃいます。

以来、私は技術者との面談の最後に「……私もプロの電池屋ですから仕様変更には慣れています。要求仕様が変わったらすぐにおっしゃってください。絶対驚いたりしませんから」と言うようになりました。そして実際に仕様変更が起きても「エーッ、今さらですか？　マイッタなあ、日程変わっちゃいますよ」ではなく、「情報ありがとうございます。どういう日程で再提案できるか至急検討させてください」と穏やかに言うように心がけています。１００％履行できているとは言えませんが、そうやって仲良くなれた技術者の方も何人か思い出すことができます。

技術職を完全に理解することはできないにしても、営業は彼らの多くが「前言撤回→変更」が簡単でない立場であることを知っていなくてはいけません。技術者がしょっちゅう頭を掻いて「スンマセーン」と言っていたら悲劇的です。目先の売り上げに追われる営業と、設計と評価を繰り返さなければならない技術とのあいだには、埋められない「深くて暗い河」がいつもありますが、私たち営業は技術者のご苦労を察しながらでないといい仕事はできない。そのためには、ほんの入り口でも技術を分かる、分かろうとする姿勢が大事だと思います。

2023年9月19日

34
〈らんばあ〉

8歳で東京から転校した東北の田舎の小学校は「別の国」でした。昭和40年、この地方では今ほど「標準語」が市民権を得ておらず、標準語は国語の教科書の中の言葉で、会話はこの地方特有の方言でされていました。だからしばらくのあいだ、私は誰とも会話が続かず、かなりの割合で学校の先生の話も理解できませんでした。

そんな私に方言を教えてくれたのが「らんばあ」です。いつも下校ルートの雑貨屋の奥の座敷に腰掛けてお茶を飲んでいて、東京から転校してきた私が珍しかったのか、「アキラちゃん、今帰りだがぁ？　母さんはどしてるのぉ？」と、よく声をかけてくれるのでした。

らんばあ……当時70歳ぐらいのおばあさんで名字は桜庭さん。桜庭のばあさんだかららんばあ。戦争でご主人を亡くし、子供もなく、遺族年金で暮らしていました。いつも地味な着物を着て、草履を履いて前屈みでスタスタと町中を歩き回ります。家族のいない彼女があり余る時間でやっていたのが「世話焼き」……今で言うマッチメーキングです。

彼女の世話焼きで特筆すべきは、徹底した家庭環境のリサーチです。両方の家の舅・姑の性格や財産の多寡、親戚にヤクザがいないかなどなどをあちこちで聞き取りをするのです。それは今なら完全に行き過ぎの調査方法でした。その上おしゃべり。ですから、らんばあを疎ましく思っていた人もたくさんいました。現に私の母は、私が学校帰りにらんばあと話をしていることを知ると「家の中のことをぺらぺらしゃべったりするな」と厳しく叱責しました。母は離婚していたので、そのあたりのゴタゴタを話題にされるのがいやだったのでしょう。

しかし、私はらんばあとウマが合いました。雑貨屋の座敷で毎日開かれているお茶っこ飲み（おばさん、おばあさんが数人集まってお茶を飲みながらとりとめのない話をする集まり。大抵真ん中にどんぶり大盛りの白菜漬けが置かれている）に学校帰りの私を招き入れ「きょうはどんた話だばいい（きょうはどんな話をしようか）?」と方言のレッスンが始まります。方言を方言で説明するので一筋縄ではいかないのですが「教えたい」という共通のベクトルで何とかなります。たまにらんばあから「これ、東京の言葉で何て言うの?」という逆質問があったりして、私たちはますます仲良しになっていきました。私から聞く東京の話は、東京に行ったことがないらんばあには新鮮だったのだと思います。

しかし、だんだん友達ができて方言も理解できるようになると、らんばあとは疎遠になっていきました。他人の家の年金支給額まで把握しているおしゃべりなおばあさんですから、みんなに煙たがられていて、私も話をしにくくなっていったのです。同級生たちも親から言われていたようで、道の向こうかららんばあが歩いてくると別の道に逃げ込む小学生もいました。私は方言の先生であり仲良しだった彼女に後ろめたく感じながら、結局お茶っこ飲みにも行かなくなりました。らんばあも、私を見ても声をかけなくなっていきました。私は、なぜらんばあは嫌われてまで世話を焼くのかなあ、と不思議に思っていました。そんなことをしなければ、いい人なのに。

何か月かして、あるとき駅の売店で週刊少年マガジンを買って、そのまま待合室のベンチで読んでいると、突然、隣にらんばあがすっと座りました。私はちょっと身構えましたが、らんばあは、前を見ていれば自分と話をしていることが分からないから、返事をしないで前を見ていなさい（まるでスパイ映画です）と言って、自分も前を見たままでこんな話を始めました。

「母さんにらんばあど話をすなどごしゃがれたんだべ。悪ぃがったなぁ（お母さんにらんばあとは話をしてはダメだと叱られたんでしょう。悪かったね）。だばって、らんばあだばナンも悪ぃごとしてねがら、何て言われでもいいのし（だけど、らんばあは何も悪いことをしていないから何を言われてもいいの）」

（続きは標準語で書きます）

「……百姓衆も鉱山で働く人たちも商売人も、世の中の男の人は朝から晩まで一生懸命働いていて、自分でお嫁さんを探してくるなんてできないでしょう。だからめいめい釣り合った家を見つけて、あとで夫婦別れをしないような世話焼きをしなければならないの。だからみんなからいろんなことを聞かないといけないの」

このとき戦後たった20年、大人の世界にはまだ「産めよ殖やせよ」の残滓があり、独身でいることや子供がいないことはこの地方では異形でした。しかしその頃のこの町では、男女が自力で出会う機会は限りなくゼロに近かったのです。

らんばあが続けます。

「アキラちゃんは片親で大変だけど、大きくなったららんばあが丈夫で働き者で子供をたくさん産んでくれるお嫁さんを探してくる。らんばあは、たくさんの人を知っているから大丈夫。らんばあが頑張らないとみんな結婚できないし、子供が産まれない。人が少なくなるとまた戦(いくさ)になったとき国を守れない。このあいだみたいに負けてしまうでしょう。負けたとき、みんな泣いたのよ。らんばあもたくさん泣いたの。だかららんばあは何を言われても大丈夫。世話焼きは、頼まれなくても誰かがやらなければならないことだもの。でないと働いてばかりいる男の人は結婚できないもの」

ちょっとのあいだ仲良しだった8歳の私にそこまで言うと、らんばあは目を合わせないように立ち上がって、どこかに行ってしまいました。

この年（昭和40年……１９６５年）に日本で産まれた赤ちゃんは１８２万人。それからどんどん減って、昨年（２０２２年）は80万人を下回ったのだそうです。１９５２年までは２００万人を超えていたので、産まれてくる赤ちゃんは70年で３分の1になってしまいました。

今年も元日に分厚い新聞が届き、相変わらず「今年の課題」として「少子高齢化問題」が書かれています。子育てパスポート、子育てクーポン、出生給付金……しかし、問題は「非婚化」なのです。「出産減少」「少子高齢化」よりも先に「非婚化」を何とかしなければなりません。「戦になったら『国が守れない』」と言ったらんばあの危機感と使命感は、まさに「非婚化」に対するものでした。どれほど疎まれても「誰かがやらなければならないこと」と彼女は信じていました。

正月、まるで当事者意識が感じられない無味無臭の新聞記事を読んでいて、町中を前屈みでスタスタ歩き回るらんばあの姿が思い出されました。確かに問題があるやり方ではありましたが、彼女のような人たちが「非婚」を食い止めていたのでしょう。あの頃、日本の人口は理由もなく自然に増えていたわけではなかったのだと思います。

2023年1月16日

第五章　ビジネスのお話……あなたのヒントになれば

35

〈ブラインドトラスト〉

数年前、取引先のイギリス支社長であるスコットランド人の方とお話しさせていただいた時の話です。その会社のイギリス支社は当時非常に好調で、設立から数年で日本の本社に匹敵するほどの売り上げを上げていました。なぜ、そんなに早く実績を積み上げることができたのかストレートに聞いたところ、支社長は「馬のように働いたから」と笑いました。私が「本当?」という顔をしたので彼は「本当だよ。自分でもなぜこんなに働けるのか不思議だったけど、この数年、ほとんど週末も休まずに働くことができた。自分自身、そんなに勤勉な男だとは思っていなかったんだけどね」と言って、その時のことを思い出すように、懐かしそうに遠くを見るような目をしました。

そして「やっぱり、Kさん(日本の本社の創業者でグループのオーナー)が自分を信じてくれたからかな。ロンドン支社設立の時、支社の口座に30万ポンド(当時のレートで約6000万円)振り込んで、支社長とはいえ、採用から数か月しか経っていない自分に自由にアクセスできるようにしてくれたんだ。30万ポンドを持って逃げることだってできたけど、人間、あのようにブラインドトラスト（盲目的に信用）されると悪いことはできないね。逆に一生懸命頑張って口座の残高を増やそうと思ったもんだよ」

私が欧米人の口から、この「ブラインドトラスト」という言葉を聞いたのはそれ一回きりです。が、非常に印象的な言葉だったので、私はその後何回か使わせてもらいました。

あるとき、やはり会社を経営しているアメリカ人に「社員をブラインドトラストして……」と言ったところ、彼は人差し指を左右に振りながら「ノー、ノー、それは犯罪への招待（crime invitation）だよ」と即座に否定しました。

「タナカさん、考えてごらん。私はもちろんウチの社員をすべて信用している。でも、だからと言って、会社の会議室の机に100ドル札を置いて1週間放っておいてもなくならないとは言い切れない。社員の誰かがおカネに困っていれば、誰も見ていなければ、こっそり持っていくやつもいるだろう。見つかれば犯罪者だ。でも、最初から会議室に100ドルが置いていなければ彼は犯罪者になることはなかった。どこに社員を犯罪者にしたい経営者がいるだろうか。トラストはいい。ブラインドはダメ。そんなもの犯罪の動機を作るのに加担しているようなものだ」

水原一平通訳の賭博・横領問題が報道されたとき、私はこの二つの会話を思い出しました。大谷選手は水原氏をブラインドトラストしていたのだろうか？　だから結果的に犯罪を招待してしまったのだろうか。だとしたらアメリカ人経営者が正しく、スコットランド人支社長は有能だけど、ちょっとセンチメンタルでナイーブなのかもしれません。

でも、心情としては「大谷選手が水原氏を犯罪の誘惑にさらしてしまった」とは考えたくはない。大谷選手に悪意を感じないからです。でも、悪意はなかったとしても結果的に……と私の心の中のアメリカ人経営者が大声で叫んでいます。

そんなことを考えていたら、数週間前、偶然あのK氏（スコットランド氏の会社の日本のオーナー）と話す機会がありました。今やあのイギリス支社はその会社を支える大きな柱で、スコットランド氏は本社の役員でもあります。私はアメリカ人社長の「犯罪への招待」論や水原通訳のケースなども織り交ぜながら聞いてみました。

「……ロンドン設立時、Kさんは彼を本当に『ブラインドトラスト』したんですか？」

するとKさんは「ブラインドトラスト？　アイツがそう言っていたの？」と逆に尋ねな

がら、こんな話をしてくれました。

——オレだって30万ポンドをロンドンの銀行に預けて、アイツに口座の権限持たせて帰ってくるのはめちゃくちゃ心配だったよ。本当はあと2か月ぐらいロンドンに残って支社開設の経費の支払いを済ませてから帰ってきたかった。あの頃は日本からインターネットバンキングで払うとかできなかったし。それに、そのとき親父が死にそうだったの。あと何日もつかっていう感じだった。だからね、ホテルで考えたの。明日、日本に帰るっていう日、心配そうな顔して振り向き振り向き帰ってくるよりも、アイツを呼んでちゃんと目を見て「お前を信じているから頼むな」って言ったほうが裏切られないと思ったんだよ……。そう？　ブラインドトラストね。アイツがそう言っているなら、あの時のオレのやり方も間違いじゃなかったんだろうな。結果的にアイツを信じてよかったとは今は思っている。それどころか、こんなに会社に貢献してくれるなんて予想していなかった。アイツは本当に頑張ったと思う。でもあの時は……アイツには悪いけど、感覚的には大きなギャンブルだった。

ギャンブルといえば、もしアイツが水原一平みたいなヤツだったとしてもオレには見抜けなかっただろうし、カネを盗られていたかもしれない。だから、ビジネス上のリスク回避を思えば、アンタがさっき言っていた100ドル札のアメリカ人社長のほうが正解だろうね。水原通訳だって大谷選手の銀行口座にアクセスできなければ、こんなことにならなかったかもしれないし。でも、アイツは横領も着服もしなかった。小さくない誘惑があったはずだけど、アイツはしなかった。ブラインドトラスト？　結局、受け止め側の良心の問題だろうな——。

「……でもね、Kさんは6000万円、水原通訳が盗ったのは24億円。ちょっとスケールが違いますよね」と私が軽口を叩くと、

「いや、大谷選手にとっての24億円は、大金だけど、なくなっても死ななくてもいい金額だろう。あの時のオレの6000万円は銀行からようやく借りた虎の子。盗られていたら会社はつぶれていただろうな。だから『裏切らないでくれ！』と心の中で祈っていたよ」

と胸の前で両手を合わせてみせ、「オレ、実は見かけよりもチイサイ男なのよ」と自嘲ぎみに笑いました。

そして一息ついてから「……にしても、ブラインドトラスト、ね。いい言葉だね。オレはチイサイから無理かもしれないけど、でも死ぬまでに一回できるといいね。そんな心か

ら信じられるヤツに出会ってみたいよね」と遠くを見るような目をしました。

Ｋさん、もう出会っているじゃないですか。そう言おうと思ったのですが、Ｋさんがなぜか急いで「ところでさあ」と話題を変えたので、結局言うことができませんでした。

……それがブラインドトラストだったかギャンブルだったかは、実はあまり意味のない議論なのかもしれません。Ｋさんと別れて駅に向かう道、私は何度もつぶやいていました。

ブラインドトラスト？　結局、受け止め側の良心の問題だろうな。

人が人を信用するとき、信じる側だけでなく、信じられる側にも覚悟が必要なのだと思います。時には、とても大きな覚悟が。

２０２４年６月24日

36

〈羽織を脱ぐ〉

古典落語が好きで、たまに寄席に行きます。噺家はまず羽織を着て現れ、今日の天気とか昨日の新聞とか当たり障りのないところから入り、まくらと言われる落語本編ではない話で雰囲気を盛り上げます。客席は笑いの準備体操みたいなもので、噺家は「かるくお客をあったためて」というのだそうです。ただしちゃんとあったためられればスムーズに本編に入れますが、そうでないこともある。寄席はテレビと違って編集がありません（当たり前ですが）から、シラケたってスベったってやり直しはききません。そのままの空気を引きずることになって、なかなかペースを取り戻すことができない高座を何度か見ました。

これがまくらでちゃんとあったためられると噺家はちょっといい顔をします。客席がまだ笑いを引きずっている中、きゅっと表情が締まって心なし目がキラリとしたように見えます。さあ、本編へ。このとき羽織を脱いで少し前のめりになります。

最近は、単独でなく若い営業マンと同行してお客様を訪問させていただくことが多くなりました。二次電池の営業はお客様との信頼関係が一番重要。おそらく製品仕様の根幹をなす「消費電力」や「放電電流」を伺わなければ安全にお使いいただけないかもしれない。でもそれはかなりの割合で企業秘密だったり、その時点では決まっていなかったりします。メールではなく昔ながらの Face to face で、なぜそれを伺わなければならないのかを丁寧に説明して、ときにはＮＤＡ（秘密保持契約）を結んででも情報をいただかなければならない。お互いストレスフルですが、製品化したいというベクトルは共有していますから、何とか話を進めることができるわけです。若い営業マンと同行訪問する場合、たいていここまでが私の担当で、実際の数字の話になると会話の主導権を営業マンに渡すようにしています。

しかし、いきなり本題に入らざるを得ない場合があります。次の会議があるから30分で終わらせてほしいとか、ですね。そういう場合は「さっそくですが」といきなりセンシティブな話をしなければならない。しかし、まだお互いをよく知らない状態なので、この方がおっしゃる５００ミリアンペアは、控えめなのか最大なのか適当におっしゃっているのか、判断が難しい。いきおい同じことを何度も違う表現で確認したりして回りくどい打ち合わせになる傾向が大きいように思います。

逆に十分時間があり、さらに相手をよく知っている場合は打ち合わせが冗長にならないよう気をつけないと、帰ってきたら最重要項目を聞きそびれた、などと言うことがあります。Preparation is everything. 準備ですね。

私の場合は小さな手帳と小型ボールペンをいつも携帯していて、明日あの方とこれをしゃべろうというポイントをメモっています。打ち合わせでメモをとるのは当たり前ですが、打ち合わせの前にメモるのです。それで手帳を広げて「今日、ポイントは〇個あって……」と目次を申し上げます。が、肝心なのはおそらくその前でしょう。やはりネットや新聞で相手の方が気にされるような話題をいくつかピックアップして、準備する。まくらですね。

まくらは、相手に「早く本題に入りたい」という気分にさせてはいけません。本題もしなければならないが、もうちょっとこの話をしていたい、と思っていただけるような話題を用意しておく。

まくらが終われば自然に本題に入っていけます。心の距離も縮まっています。そろそろ手帳を開き「……で、今日はお話ししなければならないポイントが〇個ありまして」。このとき私は心の中で、さあ羽織を脱いだぞ、と感じます。背もたれからすっと背中が離れます。

2022年5月16日

37

〈10人の議論より……〉

皆さん、「熟考」していますか？

私は最近、「熟考」どころか「考える」機会すら激減していることに気づきました。30代40代の頃は、朝、自分のデスクに座るとその日の段取りを「考え」て、自分で優先順位をつけてから仕事をしていたと思います。電車に乗っても、ラーメンを注文して待っているときも、何かを「考え」ていました。「熟考」ができて、いいアイディアを思いついたこともあったと思います。

でも、最近はすっかり考えなくなってしまいました。朝出勤してきて「メールチェックして返信して」お客さんがいらしてお帰りになって「メールチェックして返信して」ランチに行って戻ってきて、WEB会議を終えて、部下と打ち合わせをして「メールチェックして返信して」……また来たメールに順番に返信して、聞かれたことをしかるべき相手に質問して、そうして時間が過ぎていきます。メールが作業（仕事とも言えない）の起点になっていて、メールが来ないとボーッとしてしまう。小一時間の打ち合わせから戻って「わ、もう20通もメールが入っている」と悲鳴を上げながら実は喜んで返信をしています。次に何をするのかを自分で「考え」なくてもいいので、うれしいのです。

思えば、ムカシは生活の端々に隙間時間があって「考える」ことができました。今はこの隙間時間にスマホが入りこんできて、みんな隙間時間を感じなくなっています。電車に乗ったらまずスマホ。ラーメンを注文して待っているときもスマホ。食べながら画面にスープを飛ばさないように気をつけながら、それでもまだスマホをしまおうとはしません。

会議でもスマホは手放せません。電池の世界では頻繁に新しい用語が出てきます。「電動ペデスタル」「バーチカルＡＧＶ」……すぐスマホで検索。「それ、何ですか」と聞く人はいません。私がスマホをズボンのポケットからゴソゴソ引っ張り出しているあいだに「あ、これかぁ」とあちこちから声が上がります。どんなものかを想像したり単語の意味から「考える」ことは誰もしません。スマホは、デジカメと電卓と腕時計と、公衆電話と地図帳とさまざまな辞書と、ウォークマンと文庫本と週刊誌と新聞とお化粧用のコンパクト鏡その他を存亡の危機に追いやっただけではなく、人間から隙間時間と想像力を奪ってしまったようです。

でも、人間がその気になって「考えよう」とすれば、スマホがあろうとなかろうと、いつでもどこでも「考えられる」はずなのですが、なぜみんな隙間時間に考え事ではなくスマホを見るようになったのでしょうか。

私は、それは「考える」ということがある種の苦痛だから、だと思います。

たとえば、今、私が自分の会社について「考える」とすると、たくさんのことを心配しなければなりません。資金、売上、粗利、人事、3年後、5年後……心配は心配を呼び、心配Aを解決しようとすると、より大きい心配Bが浮上します。

心配は苦痛です。ため息が出ます。エーイもう考えるのやめよう。やめないと気がおかしくなりそうだ。ま、何とかなるさ……と、何となくスマホを出してニュースをザッピングしたりします。それがすむとPCを開いて、誰かから返信すべきメールが届いていないか確認したりします。考えるという苦痛から逃げているのですね。私たちはこういう受動的な日常と戦わなくてはならない。スマホが無かった10年前、PCが普及していなかった30年前に確かにあった「隙間時間に考える」という「当たり前」を取り戻さなければならない。

今回のタイトル、〈10人の議論より……〉に続く言葉、もうお分かりになったでしょうか。偶然通りかかった地方の神社の日めくりに書かれたこの言葉を、最初ちらっと見て、通り過ぎて、また戻ってもう一度見てしまいました。

「10人の議論より1人の熟考」

これは決して、民主的な合議のプロセスよりも独裁国家の方が……という意味ではありません。形式的な議論から生み出される「結論」は、一人の人間が考え抜いて絞り出した「結論」に劣ることが多い、ということだと思います。

一生懸命考えたアイディアをもって会議に臨みたいですね。時間になったからとりあえず会議室に座り、たいしていいとも思えない結論に「みんなで話し合って出した結論だから」というアリバイに逃げて唯々諾々と従う……そうではなく、会議前にスマホを置きPCを閉じて、今日のテーマについて集中して1分「熟考」してみましょう。そう、1分。

やってみたら1分って結構長いんですよ。そして、しばらく使っていなかった脳のどこかの部分が、じーんわりと動いていている感覚が確かにありました。

2023年10月4日

38 〈評価とは〉

私が20代前半の頃に勤めていた家電量販店では、私たち店員に「ナントカ売り場」と呼ぶことを禁じていて、テレビフロアとか冷蔵庫フロアと呼ばせていました。そこはお客様がお買い物をしてくださる場所であって「売り場」というのはお客様に失礼である、という考え方です。「買い場」ではおかしいからフロア。昭和っぽい教訓的な言葉遊びと思われるかもしれませんが、当時の私に、何気ない慣用的な言葉遣いが礼節を欠いているものもある、ということを考えさせてくれました。40年経った今でも覚えているのですから印象が強かったのでしょう。いまだにデパートで「……○○売り場までお越しください」というアナウンスが流れると少し違和感があります。

「供給」という言葉にも似たような違和感を覚えることがあります。「○○社には弊社がセルを供給しています」とそのセルを作っている電池メーカーの方がおっしゃるのは「売り場」のときと同じような一種の傲慢さを感じるのです。新聞が「A社がB社にセルを供給している」というのは思考停止の新聞用語でどうしようもありませんが、少なくとも売っている当事者が言う場合は「採用していただいている」「お使いいただいている」あたりが妥当な表現ではないでしょうか。英語のSupplyの訳として使っているのでしょうが、Supplyには「対価をともなう」というニュアンスが強くあります（Supply Chainという言葉があるぐらいですからね）が、それに対して日本語の「供給」はソナエ・タマウですからもともとはおカネの匂いはしなかった言葉だったはずです。おカネをいただいておいて「供給」って何だよ、と私は思うのです。

では、「評価する」という言葉はどうでしょう？　エラそうな響きがありますよね。政治家が別の政治家の発言に対して「一定の評価をする」なんて言うのは、キミよりボクのほうが立場が上だよ、と言っているのでしょうね。先生が生徒を、面接官が応募者を、バイヤーが見積もりを評価する……いつも「評価する」ほうが「評価される」ほうより立場が上ですから。

……だから私は、来年（2023年）から私どもが始める新規事業（23〈自前のラボ開業〉参照）を「評価事業」と呼びたくなかったのです。それどころか、私としてはいろんなメーカーさんがご苦労されて、おカネをかけ、リスクをとって生産されたセル、パックを「評価させていただく」のだと考えています。立場が上だと勘違いしてふんぞり返って「評価する」ことを無思考に続けるとどうなるか……。

2012年のことです。その後ノーベル化学賞を受賞された吉野彰先生が神奈川県産業技術総合研究所で講義をされました。私も聴講し、懇親会にも参加させていただいたのですが、先生の周りにはたくさんの素材メーカーの方がおられて「EV量産化への課題は何か」という熱い議論をされていました。素材の専門用語が分からない私は遠巻きに話を聞いていましたが、バインダー（接着・接合材）や添加剤のメーカーの方々は「国内のセルメーカーに評価用のサンプルを提出しても評価結果がフィードバックされてこない。本当に評価しているかどうかも分からない。韓国のメーカーからは非常にスピーディーな反応があるのに」と嘆いておられました。そのサンプルが有償でも無償でも、あるいは素材メーカーからの売り込み用に送ったものでも、セルメーカーの方から依頼されたものでさえも、ほぼ例外なく「日本のメーカーからは『なしのつぶて』。韓国からは時には測定データ付きの丁寧な評価報告がされる」という状況であったようです。吉野先生は腕組みをして聞いておられましたが「彼ら（日本勢）は、自社の立ち位置を理解していないな。評価するということがどういうことなのか分かっていないのだろう」とおっしゃいました。素材の進化なくしてセルの性能向上はなく、評価結果のフィードバックがなければ素材メーカーは開発が正しい方向を向いているのかが判断できない。素材メーカーがどの企業にサンプルを送りたくなるかということを考えれば、当時日本のセルメーカーがしていたことは非常に危険なことだったと言わざるを得ません。リチウムイオン電池の市場占有率は、この頃から韓国勢の猛烈な追い上げが始まり、数年で日本を抜き去っていきました。評価に対する姿勢と国際占有率の激変が無関係であったとは、私には思えないのです。

もう一つ印象的な光景があります。2015年頃でしょうか、私は中国深圳（しんせん）のホテルのロビーのソファで通訳の中国人女性とほかのメンバーを待っていました。お疲れ様の夕食会に出かけることになっていたのです。3メートルぐらい離れた別のソファには年配の日本人1人と、作業服を着た中国人男性が3人座って話をしており、私たちが腰を下ろしたタイミングで日本人男性が立ち去りました。残った中国人3人が何か中国語で話をしているのですが、会話の中に「ヒョーカ」という言葉が何度も出てきます。あれ、日本語の「評価」じゃないの、と通訳の女性に聞くと彼女は頷きながら、ちょっと言いにくそうに「日本人は自分では何も作らないでウチの製品をヒョーカすると言う。サンプル持ってこい、早く持ってこい、何種類も持ってこいと言うけど、ヒョーカっていったい何をしているんだろうね。いつになったら注文くれるんだろう……と言っています」

確かに、ＯＥＭとかＯＤＭとか言って、よそ様が作ってくれるものを「評価する」のが先進国の仕事だと勘違いするようになって、日本の製造業はメンタルから弱くなっていったように思います。海外メーカーが開発費をかけ、リスクをとって作ってくれた製品サンプルを前にして、そのクリエイティブネスに敬意を払わず、腕組みをしながら「じゃ、評価しようか」では相手にされなくなります。そんなヤツにかぎって大した数量も買わないし……と思われているのではないでしょうか。

弊社は事業としてメーカーさんが作ってくれた製品を「評価させていただきます」が、心構えは、お取引先様から「評価していただく」企業でありたいと考えています。

２０２２年12月16日

39 〈さあ、君の説明を聞こうか〉

今回は、最近読んだ2冊の本から考えたことを書くことにします。どちらも「説明」に関しての本です。毎日誰かに何かの説明をして、たくさんの説明を聞いているはずなのに、「説明」に関してしっかり考えたことがなかったなあ、と思いました。たとえば……

これは、弊社で日常的な光景ですが……朝、前日まで出張に行っていた部下とオフィスですれ違うときに「○○君、どうだった？　いい出張だったかい」と聞きます。すれ違いざまですからこっちが期待しているのは「行ってよかったです。あとで報告します」的なポジティブな「反応」なのですが、彼は何かを思い出そうとする表情を見せ、「まずぅ……」と切り出します。今までなぜだか分かりませんでしたが、私にはこれがストレスでした。

まあ、これが会議室でじっくり話を聞こうというなら「まずぅ」もそんなに悪くない

（よくもないけど）のですが、朝のカジュアルな会話の中で「まずぅ＝今から時系列で報告します」宣言をされると足を止めなければなりません。こっちがトイレに向かっているときだったりすると「え、今からそれが始まるの？」と戸惑います。が、だからと言って部下の報告は重要です。聞かないわけにはいきません。それにそもそも「どうだった？」と聞いたのは自分なのですから、そこから5分10分話を聞かなければならないことになります。これが何とも言えないストレスなんです。でも、自分ながらなぜストレスを感じるのかを言葉で説明することができませんでした。

田中耕比古著『一番伝わる説明の順番』（フォレスト出版）という本の中で、著者の田中氏は、説明の順番は「自分が説明したい順番ではなく、相手が聞きたい順番で説明をするべき」と言います。「時系列」は、うまく説明できない人や優先順位が決められないときに「致し方なく」使う、極めて非効率的な説明方法だと……なるほどね。

やっと「まずぅ」がストレスに感じるわけが分かりました。そういえば時系列の説明を聞いているときって、「この情報は必要なさそうだけど『時系列』の途中だしなぁ」と我慢して聞いている時間が結構長いですもんね。

でも「相手が聞きたい順番で説明する」というのは簡単ではありません。相手が複数のこともありますし、初対面で何に重要度を感じておられる相手なのかがつかめていないケースもある。だから、これから誰に説明するかを明確に意識しておくことが必要です。そうすると、その相手に「使ってはいけない言葉」なんかも分かってきます。電池の世界の住民ではない人……たとえば金融機関の方とか……に何ボルトとか何アンペアとかを駆使して説明しようとする人がいますが、相手が頷いてくれるのは、分かって頷いているのではなく、あなたの話が終わるのを待っているのです。あなただって金融機関の方に融資基準などを銀行専門用語で説明されても同じ気分でしょう？

だから、説明する前にいろいろ考えなければなりません。いや、結果は説明する前に決まっている……というのは、安達裕哉『頭のいい人が話す前に考えていること』（ダイヤモンド社）からの受け売りです。この本は実に示唆に富んでいて、特に印象に残ったのが、（彼）「好きです。付き合ってください」（彼女）「ごめんなさい」という場合、フラれた原因は99％「告白のしかた」ではなく「告白するまで（の態度や接し方）」にあるのに、フラれたほうは「上手な告白のしかた」みたいな本を読んだりする……というくだり。

思わず笑っちゃいますが「上手なプレゼンのしかた」や「上手な営業のしかた」みたい

な本も結構売れるということを考えると、笑ってばかりもいられません。

それについて安達氏は、まったく同じ説明を二人の別々の人にされても、ある人の説明は全然響かないのに、ちがう人の説明はスッと心に入っていく……ということを考えるとよく分かる、と分析しています。人が説明を信じる基準は「何を言うか」ではなく「誰が言うか」であると。そうですよねえ、「あいつの言うことだから3割引で聞かないとなぁ」みたいなヤツは私の周囲にも何人もいますもの。

でも、だとしたら普段の仕事のしかたをきちんとしておかないと、付け焼刃で一生懸命説明しても伝わらない、ということになります。彼女に「ごめんなさい」と言われないようにするのと同様で「普段」が大切なのです。

なんか、「普段がダメならいくら立派な説明をしても説得力が生まれない」という結論になりそうです。なかなか身もフタもない結論になりますが致し方ありません。君の説明の説得力は、君の「普段」が生むのです。

この本では、「話す前に（これから話すことを）きちんと考えているか。結果は話す前に決まっているのだ」のほかに「怒っているときは誰でも頭が悪くなっている」「説明中の沈黙を恐れるな。むしろ思考に集中するために積極的に沈黙しろ」「事実と意見を分けよ」「相手が話しているときに自分が話すことを考えるな。一生懸命聞け」……と耳の痛いところを次々に突いてきます。そして前述の田中氏と口裏を合わせたかのように「結論から言えというのは、自分が話したいことを言えというのではない。相手が聞きたいことを最初に言えということだ」とも。

私たちは「仕事」として毎日説明し、説明されています。改めて「今、説明をしている（されている）」と意識することもないかもしれません。が、こうした「How to 説明」を読んでみると、私自身、説明の手順や作法を蔑（ないがし）ろにしてきたと思わされます。

……え、君、私に説明したいことがあるんだって？　分かりました。説明を聞く心構えはできています。どんな内容でも絶対怒らないし、君の説明を遮って話し出したりもしません。考えなきゃいけないときは沈黙を怖がらずに一生懸命一緒に考えて、事実と意見を明確に分けて……。

さあ、君の説明を聞こうか。でも、君、まさかあの言葉から始めたりしないよね。

40
〈どうせ・一応・ふつう〉

2024年6月3日

お察しの通り、今回のタイトルの3語は私ができるだけ使わないようにしている言葉です。この3語が会話の中で使われると私はちょっと身構えます。使いたくない程度を私なりに順番にすると「どうせ」＞「一応」＞「ふつう」でしょうか。中でも「どうせ」はできるだけゼロにしたいと思っています。

どうせ一生懸命やっても……という言い方をすると、すべての努力を事前に否定することができますよね。まさに悪い意味で魔法の言葉です。私も何度、妻にダイエットの決意をこの言葉で踏みにじられたことか（笑）。

それはともかく、精神科医の和田秀樹先生は東洋経済オンライン（2022年7月14日）で「国政選挙のたびに投票率の低さが話題になるのは、多くの人が『誰が議員になっても、どうせ世の中なんて変わらない』と最初から諦めて、投票に行かないからです」と、「どうせ感が蔓延する日本」に警鐘を鳴らしています。「どうせ感が蔓延する日本」……という言い回しが妙に腑に落ちてしまうところが本当に怖いところかもしれません。研究者が「どうせこんな研究をしても」技術者が「どうせこんな開発をしても」なんて思ったら日本経済はどうなるか。一部の政治家は「どうせ政策なんか考えても票にならないし」なんて思っていそうだし。

「一応」のほうは「どうせ」よりも不快感は低いですし、私自身（気をつけて）使うこともありますが、問題はこれが口癖になっている人です。立場的に注意できる人には僭越ながら注意させてもらうこともあります。要するにYesかNoかを断言したくないから保険をかける言葉なのでしょう。もともとは、あとで反論があったときに「だから『一応』と言ったでしょう」と言えるようにしておくためだったのかもしれませんが、口癖になっているともう支離滅裂です。損害保険の代理店の方にこの口癖があったときには閉口しました。こういう場合は保険で一応カバーされますが、こういう場合カバーは一応されません。そういう規約に一応なっていますので。でも御社にとって一応有用な保険商品に一応なっています。……んんん、一応カバーされるって、つまり……？

「ふつう」は使わないわけにはいかない言葉ですので、あるときまで私もそれこそふつうに使っていました。ところがあるときある企業の会議に出席していて、そちらの社長がご自分の部下の技術者を激しく叱責する場面を見て「ふつう」の怖さを知りました。こういう流れです。

私どもはその企業にセル（電池）を販売しており、その企業はそのセルを使って製品を作っている。なのでセルのさまざまなデータを要求されるのですが、セルメーカーには期待通りのデータがそろっていないことがある。その会議では、こちらとしては正直に「申し訳ありませんが……」と申し上げるしかありません。するとこの技術者の方が「そのぐらいのデータはふつうセルメーカーが準備しておくべきではないか」「ウチは特殊な製品を作っているのではなく、ふつうの製品を作っているのだから、ウチの要求は度を超したものだとは思えない」と厳しく追及してきます。私も同席していた部下も、持ち帰ってセルメーカーに相談するしかないと考え始めていました。

すると、そちらの社長が以下の論点でその技術者を叱責されたのです。

・あなたが言うふつうとは、誰にとってのふつうなのか？
・「ふつうセルメーカーが準備しておくべき」とは、ほかのセルメーカーの実態も把握した上で言っているのか？
・「ウチはふつうの製品を作っている」とは、誰が評価してふつうなのか？

彼は続けました。

「あなたは、フューロジックを通してセルメーカーから情報を引き出すために、自分をふつうとする根拠のない基準を作って、必要以上に強い言葉で要求をしている。小学生がよく言う、『みんな持ってるから僕にも買って』と同じ理屈で、自分のあいまいな基準を相手に押しつけている。幼稚だ。私だったら『弊社はこういう製品を作りますので、こういうデータを提供してください』と素直に頼むが」

この日から私の「ふつう」に対する考えが変わりました。また、自分の価値観や基準を相手に押しつけるという作用においては、「常識的に」や「一般的に」も、「ふつう」の同族であることが、のちのち分かってきました。

……電池の世界は急激な変化の真っ最中です。弊社の主力仕入れ先である老舗セルメーカーさんの「ふつう」は、新進メーカーさんの「ふつう」とは同じではありません。

老舗は既製品セルの数か月分のローリングフォーキャスト（需要予測）を要求し、それに基づき生産し在庫して（彼らにとっては極めてふつうに）ビジネスを進めてきました。

一方、新進メーカーには既製品という概念がそもそもなく、オールカスタムメイドで在庫など持ちません。正式な注文を入れないと「ふつうに在庫がある」ことも「通常の次回生産」すらもありません。

お客様のほうも、最近になって電池をお使いになることになった企業（ソーラー蓄電とかドローンとか）には、従来の電池屋の「ふつう」は通用しません。過剰に放電すると危険だから、ある電流値で回路が放電をストップさせる、などという従来の電池屋の「ふつう」を押しつけると、ドローンが落ちてきてしまいます。

私たちのビジネスは今、「ふつう」という概念が許されない多種多様な背景の時代……diversity……に入ったのだと思います。

2022年9月13日

41

〈2時間28分〉

これが文明の進化というものかもしれませんが、ものを考えなくなりました。地下鉄でどこかに行く場合も行き方を自分では考えません。スマホの乗り換えアプリが頼り。こういうの、昔は駅の券売機の上の路線図をにらんで、自分で考えていましたよね。今や、何か知らないことを調べようとするときはGoogle。図書館に行って調べようなんて考えもしません。

30年以上前の話ですが、当時勤務していた会社のゴルフコンペは若手社員にとって悪夢でした。今度の土曜日、A社のX部長をナントカ通りの歩道橋の下で、B社のY専務をカントカ街道の公衆電話のところで、C社のZさんは最寄り駅のロータリーでピックアップして午前6時30分までに○○カントリークラブに到着すること……。繰り返しますが30年以上前です。携帯電話もナビもありません。金曜日は仕事どころではなく、社有車から引っ張り出してきた地図（その頃の社有車には地図が必ず一冊載せてありました）で翌日の道順を「考え」なくてはなりません。

そして当日その場所に行くと、はたして歩道橋の下には誰もいない。携帯電話がないから時計を見ながらジリジリするしかありません。こっちが場所を間違えたのか、向こうが寝坊しているのか。ああ、あの気難しいY専務はもう待ち合わせ場所に来てイライラしているのではないだろうか。気の弱いZさんは途方に暮れているのではないか……現代ではしなくてもいい心配をしていました。実に多くのことを想像し悲観し心配して「考えて」いたように思います。

スマホやGoogleやナビは、私たちを「考える」という「苦痛」から解放してくれたのかもしれません。ではなぜ「考える」ことは苦痛なのでしょう？　これは私の考えですが、いくつかの選択肢を想定してその中から一つを選択しなければならない場合、将来「何でこんな選択をしてしまったんだ？」という後悔をするかもしれないという恐怖と戦わなければならない。それが苦痛なんだと思います。

その課程で過去の間違った選択を思い出して苦い思いをしなければならないし、そのとき自分を非難してきた人々の苦々しい、あるいは困り切った、あるいはライバルの勝ち誇った顔も思い出すでしょう。場合によっては小さくない額の金銭的な損も出てしまったかもしれないし、今度もそうなったらどうしよう。その上「セオリー的にはAだがやりたいのはBである」とか「自分はこうだと思うが信頼する人のアドバイスは違う」とか。面倒くさいし、誰か決めてくれないかしら。

だから、自責をこめて告白しますが、部下に「そのぐらい、ちょっと考えれば分かるじゃないか」と目をむくときは、私自身が苦痛をともなう「考える」ことを拒絶しているのだと思います。それが分かっているのに今日も「おい、1分考えれば分かりそうなことをオレに聞かないでくれよ」とあきれた顔をしてみせたりしています。悪気ではない（そのときは、ほかに考えなければならないことがあったり）のですが、事ほどさように「考えて」結論を出すのにはエネルギーが必要です。それこそ1分考えるのにも、です。

『藤井聡太九段、2時間28分の長考の末に……』という見出しを見ると、だから私は呆然としてしまいます。一つのことを2時間以上考え続けることができる方がいる。すごい。映像を見ると、藤井さんは両目を片手で覆い、もう一方の手で首の後ろを叩きながら集中しています。忍び込もうとするあらゆる雑念……セオリーとか、こうした方が格好いいとか、日本中の観戦者を驚かせることができるとか、おおよそ「勝つ」という目的以外のすべてのこと……を頭から追い出して考え続ける。これを2時間以上続けることができるのは才能だと思います。

現代は「反射神経の時代」で、次々と現れる課題に瞬間的に結論を出していかなければならないことが多いですね。たとえばお笑いでも、何十分もフリを聞かせて最後にオチで笑わせる落語はテレビで見ることがなくなりましたし、漫才でさえもナントカ大会以外では見かけなくなりました。その代わり、台本のないトーク番組で気の利いた一言で「うまい」を勝ち取るパネラー芸人さんは大忙しですね。観客は「考え」なくても笑わせてほしいのでしょう。しかしこういう傾向はわれわれの日常のビジネスには応用できそうもありません。

中小企業のオヤジの一日は大小取り混ぜた「決断の連続」です。いろいろ考えているところに部下が突然切羽詰まった顔で相談に来て、そして即断を求めます。そうすると私のかんしゃくがはじけます。「1分考えれば分かりそうなもんだろ?」……この循環はダメですね。そもそも1分考えれば分かるようなことは相談には来ないでしょうし。

言い古されているかもしれませんが、こういう場合は材料集めです。「分かっていること分かっていないことは整理できているか」「いつまでに結論を出さなければならないのか（いつまで引っ張れるか）」「選択肢は何と何か」「各々の選択肢についてメリットとデメリットを検証してあるか」……部下の切羽詰まった感に惑わされず、冷静に対応したいですね。まず、手持ちの材料をテーブルに並べる。そして考える。お互い、ひとりで2時間28分考え続けて結論にたどり着く天賦の才には恵まれていないのですから。

2022年7月5日

42

〈会議が嫌い〉

私は生来おしゃべりで、報告書を書いたり読んだりするよりも、集まって会議をして決めるほうが好きでした。ところが、最近この「会議」が嫌いになってきて困っています。コロナが下火になりようやく対面での会議が増えてきて直接会うことができるようになったのに、会議の予定が入るとちょっと気分が重くなることがあります。なぜ、「最近」会みます。
議がいやになってきたのでしょう。以前と何が変わったのか。今回はそのあたりを考えて
まず思い浮かぶのが、最近の会議ではみんなＰＣを持って会議室に入り、電源を確保し、会議スタート前にモニターを立てます。まるでパソコン教室のようで……異様です。テクノロジーの進化だから慣れないといけない、とも思いますが、私が本当に困っているのは「目が合わない」ということなんです。アイコンタクトがあれば、その人がどういうことを考えているのか観察しながら言葉を選ぶことができますが、それができないと感情のない言葉をただ読み上げるだけのようになり、まるで国会答弁のようになってしまいます。
今の時代、ＰＣを会議室に持ち込むなとは言いませんが、発言するとき・聞くときは顔を上げていてほしい。そうでないと会議の秩序が保てない……議事をタイプしている人は発言と作業が同期していますが、たまにいませんか、会議とは全然関係ないパソコン作業をしているのがミエミエな人。もう自分の作業に没頭してしまっていて顔をモニターから上げません。会議中にメールでやりとりをしていることを隠すこともなく、隣の同僚を肘でつついて自分のモニターを見せながら「こんな注文が来ちゃったよ」と言った確信犯を私は見ました。こういう人がいると会議がいやになってもしかたないですよね。

ＰＣの次はスマホ。昔はこいつめに会議を邪魔されることがありませんでしたね。なんか懐かしいです。とにかく、会議中に着信があった場合は、受信しないであとでコールバックするべきです。目の前の会議メンバーは時間を合わせて集まってくれたメンバーであり、中には遠方からそのために来訪された方も含まれている場合もあります。社内も社外も関係ありません。たまたまその時間に電話をかけてきた方と、目の前に集まってくれたメンバーのどちらを優先すべきかは自明です。だから会議中の着信に、口元を手で覆ってヒソヒソ声で「今、会議中なんでこちらからかけ直します」なんてナンセンス（そのヒソヒソ声が妙に聞き取れる）です。ほっときゃキミよりかわいい声で「現在、電話に出ることができません」って言ってくれるのですから。どうしてもとらないといけない電話がかかってくる可能性があるときは、「出なければいけない電話が来るかもしれません。そのときは少々中座させていただきます」とあらかじめ言っておきましょう。

会議中の着信にガバッと立ち上がり、スマホを操作しながら出口に向かってダッシュ、出口のすぐ外で「お世話になりますぅ！」って、忙しいビジネスパーソンを演出しているとしか思えません。それをやられると議事を追っている思考が停止するのです。迷惑なんです。やめましょうね。

そして、最近の会議は制限が多すぎます。ハラスメントとかコンプライアンスに気遣いながら発言しなければならないので、反射的に発言をしてはいけない雰囲気があります。適切な言葉を使い、禁忌な内容を含んでいないかを考えてから発言する。これも時代ですから文句を言ってもしょうがないと思います。思いますが、私は過剰な制限が会議室から笑いがなくなっている理由ではないかとも思っています。

もちろん、会議に笑いが絶対なければならないわけではないし、時間内にきちんと結論が出ればいいのでしょうが、考えてみてください、これから私たちは人生であと何回会議に出席するのでしょうか？　荒涼殺伐とした集まりより適度にユーモアがあった場であったほうが私はいいアイディアが出ると思います。

「コネクタの極性をオスメスと言うのは性的な表現ではないか」と聞かれたことがあります（あきらかに考えすぎです）が、もう少し言葉使いにも表現にも寛容になって、適度なウィットを楽しみ、柔軟なディスカッションをしたいですね。会議に笑いが少ないことが、日本の生産性国際競争力を落としているのではないか、と、私は本気で考えています。つまんない会議は眠くなりますから。

また、最近は会社名を出さない（A社、B社など）で会議を進行してほしいと言われるケースがあります。販売先の社名を知ると、その企業から別商流で引き合いが来たとき対応が難しいからということですが、それでは議論が縮こまってしまいます。

「いじめにつながるからニックネーム禁止」というばかばかしい小学校のルールに関する報道がありましたが、「会議中に関係企業の社名開示禁止」とロジックが似ています。ニックネームを禁止してもいじめは起きるでしょうし、エンドの社名を秘匿してもおそらく何も変わりません。要は出席者の自覚です。教育現場はニックネームで親しく呼び合いながらいじめを減らす取り組みをするべきですし、ビジネスでは全体の商流を共有しつつ「この会議室を出たら会議中に出た社名は他言禁止」のようなルールを徹底させて、オープンなディスカッションをするべきですね。ましてやわれわれは電池のビジネスをしている（燃える物を取り扱っている）のですから、商流のバッティングにビビるよりも、電池がどこでどのように使われているのかをしっかり把握して、エンドや消費者の安全を優先するべきだと思います。

しかめ面で目も合わせず「情報共有しましたよ」的な儀式のような会議ではなく、スマホの電源を切り、ＰＣのモニターから視線を上げて、会話を楽しみながら会議をしたいですね。自由な発言の中で、思ってもみなかった人から思ってもみなかった素晴らしいアイディアが出る……こういうことが対面の会議の醍醐味だと思います。

2023年3月1日

43 〈Show me the picture〉

私どもは年に何回かは展示会にブースを出して出展するのですが、その際、お客様から大事なポイントを聞き逃さないために「ヒアリングシート」とか「お引き合いシート」と呼ばれるフォームを、弊社の担当者が記入するようにしています。

電圧は○ボルトで容量は○ミリアンペアアワーで充電電流は○アンペアで放電電流は……という質問項目が20ほどあり、その穴埋めが用紙の3分の2ぐらいで、残りの3分の1は「特記事項」という白紙部分です。大きな展示会であれば、記入済みのヒアリングシートは何百枚か集まりますが、「特記事項」が記入されたものはほんの一握り。ほとんどのフォームに書かれた文字は穴埋めの数字ばかりで文章は皆無、まあ味気ない紙の束です。

ですから、後日の営業会議で記入済みのフォームを検討する際には、その企業の規模や引き合い数量の大きさだけが焦点になり、その製品がとのような魅力・市場性を持っているのかは、なかなか伝わってこない……。

アメリカ時代、私の上司だったアメリカ人は、接待とプレゼント攻勢で構築した人間関係を駆使してビジネスをするアナログ型の人で（正直、苦手でした！）私が電池のスペックに関して説明しようとすると、たびたびこう言って遮るのでした。

“Don't give me boring numbers. Show me the picture.”
「つまらない数字の話をするな。絵を見せてくれ」

彼にとって何ボルト何アンペアは単に数字の羅列に過ぎず、そんなものよりその製品は誰が使うのか、どう使うのか、そして、果たして売れる商品になるのかが問題でした。私は「基本的なスペックの数字をロクに理解しないで、市場性もクソもあるか」と内心笑っていました。が、時を経て自分が会社を経営する身になってみると「売れるか、売れないか」は決定的です。スペック的にいい製品ができても、売れなければ何にもならない。電池屋は部品屋ですから、採用していただいた製品が売れないと失敗です。最初のロットで電池が少々売れても、製品が売れてリピートされなければダメなんです。

10年ほど前、展示会の弊社のブースの打ち合わせテーブルで「ヒアリングシート」を一生懸命に記入している スーツ姿の初老の男性がいました。通常、シートは弊社の担当者が書くのですが、面識のない中間商社の方が商談されていることもありますし、気にもとめずにおりました。が、その方は書き終わると、立ち上がって私に近づいてこられ、記入したシートをおずおずと差し出されたのです。

「これで、よろしいでしょうか」

拝見すると、数字的な穴埋めはもちろん全部埋まっており、特記事項欄にも細かい字で要望事項とその背景が記入されています。表面では足りず用紙の裏にも連綿と……。

この方は、東北の農機具メーカーの営業マンで、ブースの打ち合わせテーブルの上に置いてあった「ヒアリングシート」を見つけ、ご自分で勝手に記入していたとのこと。

用途…除雪機 電圧…24ボルト、容量…20アンペアアワー（中略）……特記事項…降雪地帯の24時間営業のコンビニやガソリンスタンドは、駐車場を除雪しないと客（自動車）が入ってこない。そのため、従来はエンジン式の除雪機を使用して除雪をしていたが、夜中・早朝にエンジンをかけると騒音が発生し周辺の住宅から苦情が来る。そこで鉛電池を使用した除雪機を開発したが、鉛電池は重いので取り外しが困難。そのため機器に取り付けたまま屋外に放置され、屋外で充電されることが多いが、深夜の屋外は非常に低温になるので充電できないことが多い。

そう、多くの二次電池は低温では充電できません。危険がともなうこともあるので、低温になると充電できないような回路設計にすることも多いのです。電池の特性をきちんと理解されているのが分かります。彼の「特記事項」はさらに続きます。

その点、小型軽量のリチウムイオン電池であれば、取り外して室内で充電できるので従来の不便さを解消できる。駐車場の広さによっては2個目、3個目の電池パックが必要になることもあるので市場の成長性も有望だと思われる。

これだけでも説得力があるのですが、除雪機そのものの絵や、電池の装着部分や方向などを図示して非常に分かりやすい。私が感心していると「大丈夫そうですか」とお尋ねになります。聞けば、この展示会で何とか採用できそうなリチウムイオン電池を見つけようと、会社を説得して東北から単身日帰り出張をしてきたとのこと。どうりでそのシートには熱意があふれているのでした。……これは、売れるぞ。

翌年からこの企業様とはお取引が始まり、今年も数百台の電池パックを出荷させていただきました。今や大変ありがたいお客様です。ただ、今思うのは、あのとき弊社の担当者がこの方から聞き取ってシートを記入していたら、あの熱意は伝わっていただろうか、ビジネスに育っていただろうかということです。われわれは毎日電池の仕事をしているので、スペックの聞き取りが「作業」になってしまい、ストーリーを感じなくなりがちです。何ボルト、何アンペア、数量はこのぐらいで価格はこのぐらい……情報は数字ばかり。市場性が見えてきません。

“Show me the picture.”—絵を見せてください。あのとき、シートの裏面までビッシリ書き込まれた「特記事項」を読み進めるうちに、明け方のコンビニの駐車場を、手に息を吹きかけながら静かに除雪する店員さんの姿が見えた気がしました。

2023年10月25日

44 〈きょう電池屋でいられること〉

以前、ある方に「自分を『電池屋』と言い切れる田中さんがうらやましい」と言われたことがあります。電池屋だから電池屋と言っているだけで、うらやましがられることはないと思っていたのですが、今年の正月、古い知り合いから年賀状をいただきちょっと考えさせられました。紹介します。

……謹賀新年、ご無沙汰しております。相変わらずのご活躍〇〇様から伺っています。お元気でお過ごしですか。私は株式会社〇〇を昨年無事定年退職し、趣味の麻雀にうつつを抜かす毎日です。思い返せばＣＲＴの負荷で田中さんにご迷惑をおかけし続けたディスプレイ事業部に在籍していた頃が一番楽しかったです。（中略）ＣＲＴが突然なくなって以後のサラリーマン人生は、いろいろやらせてもらったのですが、何だかついでのようでした。電池をかついだ田中さんとＣＲＴをかついだ私……ずいぶん違う人生になったような気がしています……（後略）

ＣＲＴとは Cathode Ray Tube ……平たく言うとブラウン管ですね。チューブというとゴムのクダなどを連想しがちですが、このチューブはガラスの管（かん）のことで、真空管も蛍光管もチューブです。中でもブラウン管はチューブの花形とも言うべきチューブで、YouTube もこれに由来（かつてテレビを Tube と呼んだ。三角ボタンのロゴもブラウン管テレビの形から）しているそうです。それほど隆盛を誇ったＣＲＴは２０００年以降急激にＬＣＤ（液晶）パネルに置き換わってしまい、今ではブラウン管のテレビが現役で映っているところなど見られなくなりました。が、昭和の時代のテレビはすべてブラウン管でしたし、何ならわが家は私が中学生まで白黒でした。

私に年賀状をくれた方は大手電機メーカーの技術職で、入社してからＣＲＴ一筋、社内の生き字引のような方でした。みんながこの方にいろいろな質問をするために集まってくるので、当時ご自分のことを「ブラウン管の人気者」と言い、私は結構笑わせてもらいました。その頃テレビによく出る俳優や歌手を、そう呼ぶことがあったのです。そのCRTはあっという間に絶滅に近い状態となり、彼の知識やノウハウはほぼ使い道がなくなりました。会社は彼を別の部署で定年まで働かせてくれたようですが、年賀状の文面だとあまり充実はしていなかったようです。かたや私は38年の長きにわたり電池に携わり続けている。ありがたいこと、という一言では済まないほどありがたいことです。

ニカド、ニッケル水素、リチウムイオンと扱うケミストリは移り変わりましたが、私はずっと電池のそばにいることができました。ところが前述のCRT技術者のように、人生の半ばで自分の意志とは関係なく、努力して身につけた専門知識や経験が役に立たなくなってしまう方も少なくない。私の電器店時代の先輩は転職組でしたが、前職はレコード針の会社で働いていました。CDがレコードを駆逐していったスピードは、後年LCDパネルがCRTを絶滅させたスピードに匹敵します。そのCDも今では配信サービスの陰で色あせています。私の周りではこんなこともありました。

1996年、アメリカで電池パックの製造をしていた（当時の）わが社に、日本のプラスチックメーカーの方が訪ねてきてくれました。わが社は彼の会社からプラスチック材料を買っていたのです。訪ねてきてくれた方はそのとき、まだアメリカに駐在して数か月しか経っていないとのことで「田中さん、僕は最短でも10年駐在するアジェンダで赴任してきました。アメリカでＡＢＳプラスチックの工場を拡大して、10年で売り上げを１００倍にします」と非常に元気がいい。10年で娘をバイリンガルに育て、自分もゴルフのシングルプレーヤーになる。緻密な計画のもと、お子さんを現地校に入れ（駐在予定が短い人は日本人学校に入れることが多い）奥様用にローンで新車を買い、長期駐在の準備万全です。すぐに仲良くなり食事やゴルフをご一緒しましたが、それからほんの数か月、がっくり肩を落として「帰国することになりました」と挨拶に見えました。

彼の事業計画の大部分はＶＨＳビデオテープのカセット用のＡＢＳプラスチックだったのです。ＶＨＳカセットの黒いハコはＡＢＳで作られており、アメリカでは1軒に１００本以上のＶＨＳカセットがあると言われた時代ですので、その需要規模は莫大なものでした。

しかし、その年に発売されたＤＶＤのメディアは、ＡＢＳプラスチックをまったく使いません。彼の会社の予想では、ＤＶＤが数年でＶＨＳに置き換わり、結果ＶＨＳグレードのＡＢＳはその9割の需要を失うだろうというものでした。とはいえ、当時私たちはまだ

ＶＨＳ全盛の中にいましたので「置き換わる」実感はまったくありません。子供たちもディズニーやトトロのＶＨＳテープをそれこそすり切れそうになるほど毎日見ています。本当にＤＶＤに置き換わるのか？

……その答えは、今、皆さんが知っているとおりです。しかしそのときの彼は、ゲームチェンジを実感しないまま、納得できない表情で帰国していきました。

それからすでに20年以上。私はまだ電池屋を続けられています。繰り返しになりますが、ありがたいことです。が、それが今回のお話の終点ではありません。むしろ、明日、私たちにＣＲＴやＡＢＳに起こったことが起こらないという保証なんてない、ということを言いたかったのです。たとえば「テスラは自動車の部品点数を徹底的にしぼる……６万社の下請けを持つトヨタにはできない」（２０２２年８月９日　プレジデントオンライン　竹内一正氏の記事から）のだそうです。そうなるかどうかは分かりませんが、もし本当にテスラ方式がデファクトになれば、トヨタと６万社は今まで通りというわけにはいかないでしょう。これは私たちには関係ないことでしょうか？

きょうも電池屋でいられることはとてもありがたいことですが、明日はどうか分からない。本当に分からないのです。今のビジネスの在り方に安住することなく、ゲームチェンジの兆しを見逃さないようにしていきたいものです。

2022年10月2日

あとがき

「電池は自分の娘を嫁がせる気持ちで売ってくれ。嫁ぎ先の姑が意地悪でも旦那が大酒飲みでも、別れて帰ってきたらキズモノと言われるのはお前の娘。電池も、充電器が悪くてもとんでもなく暑いところで使われても、燃えたら新聞は○○社の電池が燃えたと書き立てる」……40年前の電池屋では、こんな言い方で用途・使い方が分からない商談を持ち込む営業をたしなめていたものです。今の基準で考えると大変問題がある比喩ですが、ことほど左様に電池屋は臆病でした。

月日は流れリチウムイオン電池の時代が来て、電池屋はもっと臆病になりました。それまでと違ってリチウムイオンはセル自体に可燃性の物質が含まれています。発火事故・爆発事故だけはどうしても防がなければならない。設定値よりも大きな電流が流れたら充電も放電も止めなければならない。ところがあるとき、そういう姿勢が本当に正しいのかを問われることになりました。舞台は電動バイクメーカーです。

この頃、電動バイクというものはまだ世の中にほとんどありませんでした。だから電池屋にも経験がありません。ある電池屋（日本を代表する電池メーカーだった由）が〇〇アンペアよりも大きい電流が流れたら放電を止める回路を当たり前のように提案すると「じゃ、登り坂に差し掛かってそれよりたくさん電流が流れたら？」「電池パックが自動的に放電を止めます」「バイク、止まっちゃうの」「そうなりますね」「後ろからダンプが来ていたら轢かれちゃうの」「そうなる、かもしれませんね」「……」「……でも、電池は大丈夫ですよ」

後年、このバイクメーカーの技術者と話をする機会があり、この時のことを「彼らは人命より電池を守ろうとしたんだよ。まったくトンチンカン、いや電池屋さんだからデンチンカンか。常識を疑っちゃったよ」と笑っていました。私も笑いましたが、内心「オレでも同じことしちゃったかもなあ」と思い、苦い想像をしました。

デンチンカン。

電池ムラの基準を押しつけてお客様の製品の大前提を見失ってしまう。既存の常識で新しい挑戦を縛ろうとする……そういうことを見るたび、私はこの言葉を自戒も込めてつぶやきます。

しかし、40年もやってきましたので私にはデンチンカンが染みついています。自覚させられるたびに反省です。でもこの連載を始めて、そうだからこそ見えた景色もあったのではないかと思うようにもなりました。良くも悪くも一定の視座から物事を見ることができたのではないか。そう考えるとデンチンカンもネガティブだけではないような気もします。本書の奇天烈なタイトルの由来です。

お読みいただきましてありがとうございました。皆様のご多幸を心から願いつつ。

２０２４年11月　田中　景

著者プロフィール
田中 景（たなか あきら）
1957年（昭和32年）秋田県出身
東京都立広尾高等学校卒業
配管工、家電量販店勤務、二次電池商社勤務、二次電池アセンブラー（米国）勤務、二次電池コンサルタント業を経て2010年からフューロジック株式会社代表取締役

（本書は、2022年から同社ホームページに掲載中のブログ「老いた電池売りの独白」の一部を加筆修正のうえ再構成したものです）

デンチンカン主義 老営業マンが語るビジネスとお酒と二次電池

2024年11月15日　初版第１刷発行

著　者　田中 景
発行者　瓜谷 綱延
発行所　株式会社文芸社
〒160-0022 東京都新宿区新宿1－10－1
電話 03-5369-3060（代表）
03-5369-2299（販売）

印刷所　株式会社フクイン

ISBN978-4-286-25793-8　　JASRAC 出 2406506－401